能親仁無限好
德日進過日少

感恩您阅读「亲仁」版图书

心想事成的秘诀

幸福人生自我设计指南

秦东魁◎著

中国文联出版社

图书在版编目（CIP）数据

心想事成的秘诀：幸福人生自我设计指南/ 秦东魁著.
- 北京：中国文联出版社，2013.7（2022.09 重印）
ISBN 978 -7-5059-8219-2

Ⅰ．①心… Ⅱ．①秦… Ⅲ．①成功心理—通俗读物
Ⅳ．① B848.4-49

中国版本图书馆 CIP 数据核字(2013) 第 124600 号

著　　者　秦东魁
责任编辑　周小丽
责任校对　左润清
装帧设计　刘红刚

出版发行　中国文联出版社有限公司
社　　址　北京市朝阳区农展馆南里 10 号　　邮编　100125
电　　话　010-85923025（发行部）　010-85923091（总编室）
经　　销　全国新华书店等
印　　刷　廊坊佰利得印刷有限公司

开　　本　880 毫米 x 1230 毫米　1/32
印　　张　5.25
字　　数　150 千字
版　　次　2013 年 7 月第 1 版第 1 次印刷　2022 年 9 月第 3 次印刷
定　　价　36.00 元

北京大学哲学系教授楼宇烈为本书题字：命运的密码。

目 录

序：掌握幸福人生的密码

2012年5月12日，应大连一些有识之士的邀请，秦东魁老师在大连进行了为期一天的报告会。作为台下的一名听众，我从头到尾认真聆听了此次报告，从中受益良多。前些天，接到秦东魁老师的电话，得知此次报告的讲稿已整理好，书名定为《心想事成的秘诀——幸福人生自我设计指南》，嘱托我为此书写篇序文。获悉此消息，我感到非常高兴，同时又感到压力巨大：高兴是因为将有更多的读者从中受益；压力巨大是因为写序文需要深刻理解秦老师的思想与观点，而自己生怕在此方面因为才疏学浅而造成误读和误解。

秦东魁老师是一位富于传奇色彩的80后年轻人，对传统文化儒、释、道三家的思想都非常精通，虽然秦东魁老师说自己小学三年级没毕业，但他实际上是没有学历而真正有文化的人。文化是“文而化之”。所谓“有文化的人”，是指学了“文”，也就是学了做人做事的道理，然后真正按照这些道理和规律去做并真正起变化的人。真正力行这些圣贤教诲的人，甚至可以改变自己的命运。明朝的袁了凡先生就是改变命运方面的杰出人物。有人说秦东魁老师是现代的袁了凡，而我认为在改变命运方面，秦老师甚至超越了袁了凡先生，因为袁了凡先生在云谷禅师的点化之下用了十多年的时间才把自己的命运给改了，而秦东魁老师只用了半年时间就改变了自己的命运。因此，这样一位真正改变了自己命运、真正有文化的人的切身体验才值得信赖，因为他真正做到了。做到之后再讲就是圣贤人的境界，因此，中央党校资深教授任登第老先生认为秦东魁老师的著作是名副其实的圣贤书。

秦东魁老师说我们每个人身上都包含着改变命运的密码，我们都是自己命运的设计师。在大连这次报告会上，秦东魁老师把改变命运的密码无私地奉献给了大家。这个密码是什么呢？它非常简单，就是一个“米”字。“米”字的一竖就是天性，就是要用天性想事，用天性处事，用天性做事。天性体现在五伦关系里面就是孝道，这是做人的根本。“米”字的一横就是禀性（或心性），禀性体现在五伦关系里就是夫妻道。这一横一竖，构成了一个十字架，是人的一个基本框架。“米”字两个叉就是行为，也就是吃喝嫖赌抽等习性。“米”字的一横一竖和两个叉最后全部归纳于心。

针对这一密码所涉及的天性、禀性、习性之间的关系，秦东魁老师为我们进行了详细的解读。

天性就是我们古人讲的“人之初，性本善”，天性在脑，也就是我们脑海中的真善美。天性包括感恩、宽容、理解、珍惜、支持、欢乐、喜乐。

禀性也叫心性，就是贪嗔痴慢疑，禀性在心。我们的禀性爱发怒，夸我们就高兴，说我们就生气，这个禀性里面产生的东西是怨恨、仇视、嫉妒，有很多恶的东西。

如何才能掌控心性和习性呢？秦东魁老师认为我们要长养天性，从天性出发，抓住心性，习性自然听话。若不用天性，而用心性和习性的话，则心性和习性就会同流合污，把天性扔到一边，天性就不会呈现出来。所以，我们只有天性起来，抓住心性，习性就会没有。为什么呢？因为天性是君王，心性是大臣，习性是工具，即所谓的士兵。而我们现在的很多人天天让士兵当家，让心性当家，把天性的东西完全给磨灭掉了。

秦东魁老师告诉我们的这些改变命运的道理，是他自己的发明创造吗？回答是否定的。这些道理实际上是秦东魁老师在总结古代圣贤教诲的基础上，加以归纳提炼而形成的。关于天性的思想来源于孟子的性善论，关于禀性的思想来源于荀子的性恶论，关于习性的思想来源于告子的性无善无不善论。正如民国奇人王凤仪先生所谓：天性须恢复，天性不复，德行不著；禀性要化净，禀性不化，轮回不息；习性宜去掉，习性不去，身界不清。秦东魁老师在王凤仪先生三性之说的基础上，对三性之间的关系又进行了补充和完善。天性是君王，心性是大臣，习性是士兵，应当让天性而不是心性和习性当家。其实这就是孟子所说："学问之道无他，求其放心而已矣。"真正学问的道理没有别的什么，不过就是把那些失去了的天性找回来罢了，让它当家作主。而这些天性无非就是我们的孝心、我们的恭敬心、我们的真诚心、我们的仁爱心而已。

在明确了这些改变命运的基本原理和规律的基础上，秦东魁老师还把能够迅速转变命运的具体方式和方法告诉了大家。上等人生在我们自己身上，改变命运在自身。改变命运用什么方法呢？

第一，要用天性想事情，用天性处事情，用天性做事情，这样就能够掌握命运。用天性想事、天性处事、天性做事，就是尽孝道、爱妻、爱子女。用天性做事绝对不会违法乱纪、悖理悖德，将永远有益于家庭和社会。

第二，若是用心性做事，那心也要善，心中要常思人恩德，想人好处，把禀性中的恶念降伏住，这样也会得到非常好的环境。由于心性主要体现在五伦的夫妇关系之中，所以男士要做到“三刚”，即性刚没脾气、心刚没私欲、身刚没有不良嗜好；女士要做到“三柔”，即性柔如水、心柔家暖、嘴柔家和。因此，孝敬父母就能改变命运，夫妻和谐就能改变环境，手足相亲就能招引贵人。

第三，迅速改变命运要掌握五个要点。一是眼睛会笑。要把眼睛由过去的怒目改成微笑，人一笑就是元宝脸，可以招财招贵。要想保持微笑长存，我们就要效仿一切古圣先贤，以他们为榜样。真正效仿先从孝顺父母做起，爱父母、爱家人，逐渐把博爱慈悲体现出来。这就是“三笑人生”。二是嘴巴会说，把过去爱说尖酸刻薄的话，改为只说柔和语，只说善言。三是耳朵会听，能够分辨善恶，用我们的耳朵听圣贤教诲，不听是非之言，只听人好，不听人短。四是行为上会做。过去行为常作恶，悖理悖德，有着吃喝嫖赌抽等恶习，从今之后让行为端庄大方，养成随手捡垃圾的好习惯，帮助可怜的人，给世人做好模范。五是改变我们的存心。过去我们存心不良，长存恶心，我们今天懂得珍惜、感恩。珍惜才能拥有，感恩才能天长地久，我们要永远保持珍惜和感恩的心态，这才是天性，天性永远会珍惜感恩。微笑得喜，会听得贵，会说得财，会做得禄，存感恩心得寿，五福临门，就这么简单，不用花钱，不用求人，求自己就可以。

看秦东魁老师的书可以说是一种享受，因为他既把深刻的道理用简单通俗的表达无私地告诉我们，还通过生动活泼的事例、幽默风趣的语言把具体的方法告诉了大家，让即使没有任何传统文化基础的人，哪怕是小学没毕业的人，只要抓住其中的几个字，就能够从中受益匪浅。正如党的十七届六中全会决议阐述的那样："要全面认识祖国传统文化，取其精华、去其糟粕，古为今用、推陈出新，坚持保护利用、普及弘扬并重，加强对优秀传统文化思想价值的挖掘和阐发，维护民族文化基本元素，使优秀传统文化成为新时代鼓舞人民前进的精神力量。"而传统文化的普及和弘扬，需要现代化、简单化、通俗化。传统文化需要与现代文化相结合，需要用新的形式、新的语言、新的方式来体现。秦东魁老师正是此方面的杰出贡献者，他所做的工作能够让更多的人了解传统文化，喜欢和热爱传统文化，并开始践行传统文化，并真正达到学以致用、推陈出新的学习目的。

您想真正改变自己的命运吗？那就让我们怀着诚敬的心情来阅读这本书吧！

赵建国

2013 年 5 月 1 日

（编者注：作者系东北财经大学高等教育理论与政策研究室主任、教授、博士生导师）

第一讲：用天性凝聚正能量，招财招贵

尊敬的各位长辈，尊敬的各位老师，尊敬的各位朋友，大家早上好！这个掌声拍得让人有压力，我坐在这个地方心情都紧张。第一次看到这么整齐、这么隆重的场面，让人很激动，尤其在大连这个美丽的城市。大连我来过很多次，可是讲课应该是第一次。

主持人就是专业人士，口才特别好，说得那么悦耳，非常到位，所以大家掌声这么好，我倍感压力。这一鼓励，不讲好不行，要讲得不好又对不起大家，所以对我这个小学都没毕业的人还真是很有压力。不行，我要找找同僚。各位好朋友，小学三年级没毕业的请举手，我看有没有同僚。还有，真不错，所以就不紧张了，只要有同僚就好。

既然大部分人都小学毕业了，那我讲的东西大家都能听懂。你想想，你今天连小学三年级的人讲的东西都听不懂，可想而知，你这个学白上了，对不起父母的血汗钱。所以今天要认真听，听完以后复制回去。不然人家一问你："今天听谁讲课了？""秦东魁。""什么学历？""小学三年级。""听懂了吗？""没有。"那你不丢自己的人吗？我这个人丢惯人了，没事。希望大家真的能听下去。

人生境遇，自己设计

人生境遇都是自己设计的！就像主持人刚才讲的，在这个物欲横流的社会中，我们每一个人心情都特别浮躁，满脑袋都是钱，不管你是上大学、当教授、当官，都有这种想法。我经常讲，人这一生就是为了幸福。那幸福的人生由谁决定？很多有宗教信仰的人讲，由某一个神、某一个菩萨决定，实际上我都是否定。为什么这么说呢？因为人这一生得天地护佑。而这个“天”是谁？古人讲，“三才者，天地人”。天是父，地是母，孝敬父母就得天地护佑，这是古人讲的。

天地真的是父母，世上一切宗教离开孝道等于无根，没有办法成立和推广，包括命运也是一样。

很多人讲，我们人这一生父母是没有办法选择了。可是我们可以设计自己的父母，设计自己的人生、子女的未来。这个我们可以从孔老夫子那里看到。我听过一个老师讲孔子的姥爷，说孔子的姥爷要嫁女儿，首先要看一个家庭的德行和修为。他看到孔子的爷爷与众不同，在大水来临的时候，很多人在水里捞起的是财物，唯独孔子的爷爷捞起的是人，他知道救人之命。所以孔子的姥爷就把他的女儿嫁给了孔子的父亲。

你看，作为父亲，他会设计子女的未来。为人之父，他在人生道路上可以决定怎么样去选择。可是我们今人不遵古训，有自己的想法，现在给女儿选丈夫，官员、有房、有车、有钱，选一大堆，导致女儿嫁到人家去，被人看不起，然后就离婚。这种例子实际上都是因为父母当初没有设计好。

很多人说，有些事情是注定的。哪有！就像你今天可以选择去商场，也可以选择来这个地方听课，关键你要懂得和了解讲座的信息。包括我今天可以穿外套，也可以穿衬衣，我自己可以决定，哪有什么注定的东西，只是我们不愿意改变自己，不愿意放弃自己的一些喜好、一些生活习惯而已。就像主持人讲，今天中午吃素食。素也好，肉也好，你自己完全可以做决定。有些人说："我想吃。"什么叫想？这个想是从哪里来的？是心想，还是脑袋想，还是行为想？所以这个想是不一样的。

我经常在说，我们每一个人只是一个工具而已。你这个身体就是一个工具，你拿这个工具来做利于国家、服务大众的事情，还是拿这个工具去残害国家、残害家庭，是由你自己决定的。没有哪一个人一出生，这是部长，那是省长，没有这个道理。

人这一生，你现在的幸福生活，你今天所有的享受与遇到的种种不幸、烦恼、痛苦、疾病，都与你自己的设计有关系。这个是丝毫不错的。你要是信佛，你也知道因果，实际上我讲的也是因果；你要是信道，你也知道遵循道的道理；你要是学传统文化，你也知道“儒学”的“儒”字，是单人旁和一个需要的“需”，人人需要。所以遵循古理而讲的东西，你要是真明白了，也不觉得神奇了。哪有神奇的东西！就像我们两百年前，你说人能上月球，他说是迷信、骗人，可是现在就上月球了；两百年前，你说有手机，他说胡说，那是神话，可是我们现在到处都是手机。只是没有到一定的时期，没有办法印证而已。

就像你今天选择来到这个地方听一堂课，那也在设计你的人生。我们的身体就是一个器具。这个器具你要给它装什么？你看孔子的姥爷设计了女儿的未来。孔子的姥爷跟爷爷这两个长者都给自己子孙的未来设计了一个轨道，所以孔子家族到现在为止仍是世界第一旺族。据说全球孔子直系后裔有两百多万人，孔子后裔在全世界任何国家都有国家领导人亲自接见的待遇。可想而知，祖宗之德虽远，其德不能不仰。我们都想沾一沾古人的德风，这是怎么来的？设计出来的。

你想让你的孩子未来成为人才，首先你要变成人才的父母。你是蠢材，那孩子也是蠢材。很多人说，“我的运气不好”“我身体不好”“我就是不顺”。我要告诉你，苍蝇不叮无缝的蛋，当苍蝇叮我们的时候，证明我们就不是好蛋，我们自身绝对有问题，这个是真的。

人人都有个聚宝盆

我这一堂课要给大家分享的是“十字主心”。为什么叫“十字主心”呢？我经常在讲，人的命运从我们的头部开始，头是身体最高的位置，它产生的思想中具备了很多天性的东西。这个天性应该是人的主梁，承担了人生的主要框架。我们现在很多人不用脑袋想事，不用脑袋处事，不用脑袋做事，把我们饱含天性的脑袋放弃了，这是非常可怕的。

这个天性的东西是什么呢？大家回想一下小孩子。我儿子出生以后，我发现有一个特点，小朋友一出生，天性纯善，有五种东西是不会的。我们都当过孩子，自己也有孩子，可能没有发现孩子有五种东西是不会的。

第一个是小孩子不会饮酒。他出生以后光会喝奶，很大了以后，看到别人饮酒才饮酒，证明喝酒是后天学习来的，不是先天带来的。你要选择喝酒也是你自己设计的。你喝酒就加大了出车祸的机率，你要酒后开车就增加了送命的危险。那这个短命是你选择的，不能说车祸多得很，你喝酒以后就会加剧车祸的产生。从这一点，我们可以看到，喜好酒的人完全可以放弃酒。出生不会喝酒，这个是完全可以肯定的。没有人是喝酒长大的，我是没有听说过，都是喝奶长大的。这是小朋友第一个不会的东西。

我们所吃的东西会改变我们的禀性。这个禀性是什么呢？大家都知道现在很多女人偷懒，为了保持身材，不给孩子喂人奶，偏偏跑去喂牛奶，导致自己的儿女变成牛的儿子、牛的女儿。所以，你没发觉现在的孩子脾气特别大吗？这是牛奶使孩子的天性降低、禀性升发所呈现的一个设计。这与你的付出是成正比的。你给孩子喂的是人奶，那祝贺你，你的孩子有人性；你给孩子喂的是牛奶，那孩子有牛性。

你看两三岁的孩子跟父母顶着干，那可怕得很。谁设计的？你设计的，完全是你设计的。你总说，这孩子脾气不好。为什么不好？是你设计让他不好的，让他来收拾你。因为你没有尽到做一个母亲应尽的职责，你光生他，没养他。谁养他？牛养着他。你还叫他吃牛肉，你看这叫忘恩负义，那孩子以后就不孝顺你，这是你教的嘛。你给孩子喝牛奶，就告诉孩子一辈子别吃牛肉，因为牛是孩子的第二个妈妈，让他产生感恩，那孩子就懂得孝顺，对牛都好，那对你肯定好。所以，你怎么设计孩子，这个是由你自己决定的事情。

小孩子出生以后，他第一是不会饮酒，第二是不会杀生。我注意了，有一次在家里，他妈妈看见一只蟑螂，就给拍死了。

孩子说了一句话：“妈妈，我要告诉老师，你欺负小动物。”对于什么蟑螂、苍蝇、蚊子，他没有认为是害虫，他认为“你看这小动物多好，还会飞，咱们拿着东西喂它吧”。蚊子叮他了，他说“痒是痒，这蚊子吃了就饱了，不然把它饿坏了怎么办”，善良成那样。所以小朋友出生以后，第二个不会的就是杀生，他完全不会杀生。孩子作恶都是父母教的。要不我说，当父母的是孩子的设计师，也是自己的设计师，是自己晚年幸福生活的设计师，就看你怎么选择。

我记得我碰到一个大姐，她跟她儿子生气，她儿子砍了她三刀。她就问我什么原因。我说：“你设计的！”她说：“我怎么会设计孩子砍我？”我说：“你孩子是不是会杀鸡？”她说：“我孩子杀鸡在我们小区有名。”“谁教的？”“我教的。”我说：“那就行了嘛。你孩子小时候第一次杀鸡是什么场景？”她说：“孩子看杀鸡害怕，我就逼着孩子杀。孩子用手把鸡给捏死了，从那以后就不害怕了，杀鸡特别有名。我们全小区的人都喜欢吃活鸡，因为我儿子会杀鸡。”我说：“你这有一天说你儿子说得太多了，你儿子一生气，眼一红，把你当鸡看，你设计的。”纯洁的一张纸上，你怎么画东西，画善、画恶，画孝、画忤逆，由你自己决定。

当我们的孩子不听话的时候，我们想一想：我们都几十岁了，有没有听父母的话？有没有还在顶撞自己的父母？既然有这种现象，那你孩子跟你学的，你怪谁呀，都是你自己设计的。

要不《太上感应篇》上怎么讲“福祸无门，惟人自召”？祸是你招的，病也是你招的，今天你幸福快乐，还是痛苦烦恼，都是由你自己决定的。所以小孩子第二个就是不会杀生。

小孩子第三个不会的东西是什么？不会说谎。小孩子特别诚实。我记得我老婆有一天送我儿子上幼儿园，早上起来晚了，跟儿子讲：“儿子，你告诉老师，说今天堵车了，所以来晚了。”这个孩子进到学校以后，老师就问他：“今天怎么来晚了？”“我妈妈说堵车来晚了。”老师就问：“那堵车了吗？”“不堵车。”所以，小孩子不会说谎。当孩子开始骗我们的时候，我们就知道，我们在孩子纯净的心灵已经种下了骗人的种子，这是我们自己设计的。因为父母是孩子的第一任老师，我们不要推卸责任。现在人有个毛病，揽功揽得快，推责推得快，不敢承担责任。

我记起一个故事。一个媳妇做了一碗饭，给她的公爹端去以后，她公爹吃了一口说：“今天这饭真好吃。”媳妇赶快就接着说了一句话：“爸，这饭是我做的。”这老爷子吃第二口说：“这米里怎么有沙子？”“爸，这米是小姑子淘的。”第三口，老爷子说：“今天这饭怎么有点糊了？”“爸，这火是我妈烧的。”你看现在的人，揽功揽到自己身上，推责的时候眉头都不皱。这是我们现在的人，不懂得反省，放纵自己的这种恶习，使思想和行为在错误中不断地扩大、延伸，残害自己至亲的人，这是我们的毛病。

孩子学坏了，你总说怪社会、怪老师，就是不怪自己。我经常在讲，现在做父母的都胆大，没培训就持证上岗，给人当爹当妈的。那么好的孩子，让你害成那样，你说你残不残忍？这是我们错了。

小孩子不会说谎，真实得很，实在得不得了。我跟我老板去他的一个朋友家里，这个朋友也是一个公司的老板，跟我们公司有点儿合作。我们谈事情，因为说得晚了，晚上都五六点钟了还没走。他的儿子才 4 岁多，不断地跑出来拽他爸爸的手。他爸爸就说："爸爸跟伯伯、叔叔说话呢，你先到妈妈那儿去。"孩子走了，一会儿又过来，如此重复了 4 次。我说："老板，您看看您儿子有什么想法要跟您说，您别老把孩子推过去。"这个老板一听，回答："那我问问。"之后就对孩子说："儿子，怎么了？"你猜这儿子说了什么话？他说："爸爸，妈妈告诉我的，让叔叔和伯伯快点儿走，别在咱们家吃饭。"你看，孩子本身还想着"多好，叔叔在咱们家吃饭"，父母正好可以给孩子做榜样，表现爱友之心，可是这位母亲就把这个孩子的内心世界设计了一下。没想到这个孩子很实在，没有悄悄地说，而是直接地说出来了。

孩子幼小的心灵你怎么给他种种子，这由你自己决定。当我们的孩子不好好上学的时候，当我们的家庭出现了种种状况的时候，告诉各位好朋友，这与我们当初的设计有关系，不要怨天尤人。

我们不要找借口，要对自己的缺点斩尽杀绝，这才好。我们现在的人总是自我设限，这是非常可怕的一个事情。

第四个，小孩子出生以后他不会赌博，他完全不会。我们细想，小孩子不光不会赌博，他还不会邪淫。你看他男女厕所都去，他也不知道什么男的、女的。他妈妈洗澡，男孩不能去，他也要去。小孩子多单纯，哪像大人复杂得很！这男女两个人稍微一走近，人家都没啥呢，流言蜚语就出来了："那两人，谁知道走那么近干吗呢。"

小孩子不会邪淫，还不会偷盗。我记得我儿子把幼儿园的玩具拿回家了，他就跟他妈妈讲："我在幼儿园拿了东西。"他妈妈说："这叫偷窃。""偷窃？"他不明白偷窃是干什么。最后跟他再讲，没经过老师同意，私自拿东西回家就是偷窃，他才知道原来这叫偷窃。回去他就跟老师说："老师，我偷窃东西了。"老师说："你偷窃什么了？""我把玩具拿回家了，没告诉你。"你看小孩子就是诚实，他不觉得偷窃丢人。所以孩子出生不会五种东西：饮酒、杀生、妄语、邪淫、偷盗。所以这个时间段是我们父母给孩子种种子的时候，这个时间段你只要把握好，孩子的人生你会给他设计得特别幸福和平坦。

我们每个人都应该保持孩子出生时的那种纯洁的心和天性，这叫聚宝盆。我们每一个人都可以把自己塑造成聚宝盆，让任何人见到你以后能学到东西，能受你的影响而改变自己的恶习。要不我说每一个人都是这个世界上的净土、德土，我们人不要把自己变成秽土，不要把自己变成害人之土就好了，这个是非常关键的。

在北京，有很多年轻人、很多成功人士喜欢上我那儿去。他们太太一打电话说：“在哪儿？”“秦老师那儿。”“哎呀，好，多去！”到我那儿去，他们家人都放心、省心、安心。我们每一个人都要把自己变成这样的人。不要人家一去你那儿，他的家人就说：“你跟谁在一块儿？”“跟某某在一起。”“你快回来！他除了把你教坏，不会教你别的！”所以我们每一个人一定要变成让人人都喜欢的人、爱护的人、尊敬的人和受欢迎的人，不要把自己变成过街老鼠，人人喊打。这是我们对人生的设计。

让天性当家，过天堂的生活

天性的东西里面都包括什么？包括珍惜、感恩、欢乐、喜乐、宽容、理解、支持。这就是我们天性的东西。用天性想事，用天性处事，用天性做事，这个人就能掌握命运。不光是能掌握命运，他还能设计自己官职的高低、生意的大小，人生就在一个恒温的状况里，不会大起大落，可以说，几乎达到想什么就可以来什么的境界。

这个想什么来什么，咱们大家也不要误解了。第一，要在不违法的前提下，遵守国家法律法规。第二，在遵循了五伦大道、伦理道德的前提下。你不能说银行钱多得很，全想弄到我家里来。不可能，悖道悖理悖德，这就错了。这个事情非常重要。甚至到一定程度天就帮你。这个天也不是咱们所想象的什么神鬼帮你，没有这个道理。你和自然融为一体，自然和你也就有这种亲切的现象。

所以我们要用天性想事，用天性处事，用天性做事。现在我们所有人都知道这个道理了，但是我们应该怎么发现天性呢？告诉大家发现天性最简单的方法。先听一个例子，大家可以去想一想。我们每一个人看见乞丐，第一个念头就是天性。“我要给他点钱，你看他多可怜”，这是从天性出来的。天性刚一起这个念头，禀性、心性的念头就出来了，把天性要打下去。“这人是不是骗人的？”你看就会产生这个念头。它让你对刚开始想要给他钱的这个念头产生犹豫，怕你这个天性真的把钱给了这个乞丐，又号召习性——我们所谓的行为，就说了一句话：“我挣钱也不容易。”于是在这瞬息间他就走过去了，不给乞丐钱了，就是这个道理。

所以，我们每一个人，当你天性出来的时候，你就赶快去做，别被心性和习性主导。我们对外，包括对父母，都该如此。比如，周六、周日你想要看爸妈，念头刚一起来，这个心性就缠着你了：“我爸妈还年轻，我周六、周日好像还比较忙。”这么一想，你的行为就停止了，不去了。你看，瞬息间，我们就可以感觉到，你的天性、禀性和习性随时随地在左右你的思想，这个时候证明你的天性还没有达到一定的坚强度。我们只有让天性起来，抓住心性，这个习性才不会产生作用。因为天性是君王，心是大臣，行为是我们的工具，即所谓的士兵。

可是我们现在人不明白，天天让士兵当家，让禀性当家，把天性的东西完全给磨灭掉。这种现象是非常非常多的。要不我说，人这一生，天堂、苦海、地狱你自己选择。在天堂生活，还是在苦海生活，还是在地狱生活，你自己选择。这个天堂就是你用脑袋想事、脑袋处事、脑袋做事，用我们思维中善的念头做事，让我们真正具备设计自己人生和未来的一些想法。这个非常关键。

比如说工作，你的思想可以将工作设计成三种工具：第一种工具，你把工作当工作，无非打一辈子工，没有很大出息；第二种，你把工作当成事业，把你的身体和心同工作融为一体，那你能干一番大事；第三种，你要是能把你自己的工作变成你生命中的一部分，同你的生命不可分割，那告诉你，你会变成世界上非常优秀的企业家，甚至来引领这个行业。这由你自己设计。

现在很多人上班，“反正我领工资呢”，工作做完该玩玩去了，也不上进，也不思考了，甚至还很自私，“爱厂如家”，厂里有的家里都有，做一些自私自利的行为。我就碰到过很多人玷污自己，他在造螺丝的公司上班，每次走都装一饭盒的螺丝回家，你说多可怕。而有些在飞机上工作的空姐更有意思，飞机上的什么杯子、碗，甚至推的那个餐车，她家里都有。我想了想，这个人是飞机上待惯了，怕退休以后不习惯，就把家里设计成“空中客车”。这个是你自己设计的。人不能这样子。我们要用天性当家，心性指挥，习性做事，这样你的人生就能为你左右。

护根，打破命运的锁链

什么叫算命？命不能算，要是被谁算准了，你就很可怜，因为你遵循了他的规律而活。要是他没把你算准，那祝贺你，你成功了，你把命改了，他的这个程序、他的这种模式对你来说不起作用了。

我过去就是这样。记得2004年在北京的时候，我去应聘一个工作。结果巧得很，我的一个好朋友，刚好带来一个叫什么超级大师的人。人家说算一次卦就30万呢，我是沾的光，人家没要钱。给我一算，说“活不出25岁，命中无子，女儿都没有，别说儿子了”。我一想，这年纪轻轻的，就这么死了，还比较恐慌。

谁知道人家还比较善良，最后把他的弟兄们，好像什么师兄弟七八个，全叫来坐一块儿，预算一次。一算还真的，“命短，活不出25岁，命中无子，连女儿都没有”。还怕我不相信，最后把我叫到他老师那儿去。他老师是80多岁的一个老人家。这个老人家更厉害，算完以后符合，这就证明人家很权威。

我当时就在想，这样，人是不是碰见大师以后就把命交给大师了？大师说你 25 岁死，必须死，那不麻烦了吗？大师说你发财就发财，说你倒霉就倒霉，说你出车祸就出车祸，这好像不符合常规。我们很多人，包括一些有信仰的人，都喜好这一口，才上当受骗。甚至很多年轻人还受这种模式的约束。这个是错误的。

我有一个朋友在部队当了一个小领导，我为了鼓励他，就带他去见那一年给我看的那个大师。见面之后，我说你给我朋友看看。我本想让人家鼓励鼓励我朋友，谁知道人家没鼓励，算来算去，跟我这个朋友讲："你这官当到头了，再没戏了！"我那个朋友就气得脸都铁青了。第二次碰到一个朋友，说什么"八字"很厉害，我又跟这个大师说："你给我这位朋友看看。"他说："你到头了，就这样吧。"你看，他们这种格式都是一样的。

那我们怎么样把这个格式给改变呢？就要"天性出发，心性指挥，行为做事"，这样你就给它改变了，它这种程序就没有了。

我朋友一听，这个难过呀。怎么办？我说："你别着急，你回家开始给你爸妈磕头、尽孝，你这个命就改了。"他说："怎么能这么说呢？"我说："父母是树根，这个根深了，枝叶就旺盛了。你补充营养，上化肥，要给根上。"可是现在人不懂得，给哪儿上？给果子上，把果子一个一个都上烂了。

父母把孩子抱着，心疼死了，什么"宝贝儿"，恨不得摘天上的星星给他。谁知道这个宝贝起来，再大了又收拾你了！为什么？就像果子营养过剩，烂掉了。它里面坏了，外面皮还挺红，这跟上了色素似的，不是真的红，不是太阳晒出来的，它是在大棚里面待着的，禁不起风雨。

我这个朋友就照我的话，每年给他父母过生日，去年就当了一把手了，上升了，你看这个命就改了。所以我就在总结，天性的东西比较深奥，很多人可能觉得听不懂。天性是什么？就是孝敬父母。又回到我前面给大家讲的“三才者，天地人”，天是父，地是母，人就是儿女，孝敬父母就得天地护佑，就是这个道理。

所有宗教的圣人都是来普渡众生的。道教讲什么？天主教讲什么？伊斯兰教讲什么？佛教讲什么？道教讲的是恬淡素朴、助人为乐，天主教讲的是神爱世人，伊斯兰教讲的穆罕默德是仁慈，佛教讲的佛是大慈大悲。你看，都是爱人的，都是帮人、助人的。既然你连你爸你妈都不助、都不帮、都不爱，你去帮别人，别人看见你就害怕，觉得你有所图。我们不能有这种恶的思想和念头，我们要护根。

我就总结了一下：孝敬父母就能改变命运，夫妻和谐就能改变环境，手足相亲就能招引贵人。就这么简单。你要是命运不好，告诉你，亏孝亏多了。你要是夫妻关系不好，你觉得你环境不好，告诉你，这男人找情人，这叫贱命。你把自己变成公共汽车了，那不麻烦了！你连你的姊妹关系都处不好，还拍这个老总的马屁、那个领导的马屁，领导看见你就害怕。为什么？你请领导吃顿饭，让他好吃难消化；送点礼，让他拿着烫手。你这意有所图，你不是真的，是假的。我们一定要明白这种设计方式，这是由你自己设计的。

人能为善，身虽贫贱，这个人也会被人所称赞；人身为恶，虽贵为重臣，也会被人议论和唾弃。这个与身份高低没关系，与我们有钱没钱没关系。我们看雷锋，一个士兵，却受到大家的赞扬和尊敬。他和我们的毛主席一样受人尊敬。毛主席有身份，他是主席；雷锋是士兵，他也受人尊敬。为什么？因为他跟毛主席的理念一样，毛主席讲“为人民服务”，雷锋听了以后赶快照着做，这叫言行一致，所以受到人们尊敬。

所以我们要用天性做事情，常启天性的人就能左右自己。我记得佛经也讲“乘愿再来”，用天性做事就是乘愿再来，用习性做事就是带业之身，就这么简单。

佛在《观无量寿经》上不是讲了吗？“孝养父母，奉事师长，慈心不杀，修十善业。”你看看，孝养父母在首位。不管你信什么，我们都要知道、要明白，孝乃德之根也、德之本也，这个是非常重要的。

从细节入手培养善念

道教里谈到财神，有一个偈子：财神爷爷头戴金，身穿银，怀里抱的是聚宝盆，有财专施有德人。这人没钱花，就是缺德缺多了。你想有钱花，就要有德。

要我说呀，现在人啥都不缺，就缺德。哪儿缺德？对父母缺德，对妻子、丈夫缺德，对自己的手足姊妹缺德，可是他对别人却好死了。自己过生日请朋友吃饭，就不请爹妈，和姊妹关系都不好。有应酬时，跟别人又是吃鲍鱼，又是吃海参，恨不得贴到人家身上。你看看，我们现在悖理悖德成什么样子！忘恩负义成什么样子！你还想发财？没有的事儿！再加上钱有四条腿，你才两条腿，你怎么能追上钱呢？钱要追你就好，你要追钱就累。

这个钱还分为善钱和恶钱。善钱能养家，能让你幸福；恶钱能让你遭横祸。恶钱从哪里来？从不择手段里得来的。善钱从哪里来？言行举止不违法、不乱纪、不悖理悖德，从这儿来的。这一生的幸福与否你要自己决定，你要设计，要用“天性想事，天性处事，天性做事”。要真的能照着天性去做，这个是非常有感应的，这种感应就叫因果通了。我们做事要如理如法，包括我们经常看到很多人浪费粮食，天性的这种念头就是“好可惜，不能浪费”，可是人习惯了，就是要浪费。

天性就是不浪费，浪费了心疼。这是我们天性的东西，你要用天性处事就能如愿，这个是非常重要的事情。

培养仁爱心，成就福禄寿

我们一定要用天性想事，用天性处事，用天性做事。天性想事是思人恩德，想人好处，这叫聚光。天天想人不好，天天嫉妒人、怨恨人、仇视人，这叫招阴，也叫招愁。聚光则上扬，招财招贵；聚阴则下沉，招病招祸。

还有，用善的思维——天性，去处事情。我们古圣先贤讲“仁爱之心”，“仁”字，单人旁一个“二”字，爱他，自然他会爱你。我们要做到时常为他人着想，这个非常关键，也符合了思人恩德、想人好处的这种理论，就是“你要爱人”。作为男士，你要爱父母，爱姊妹，爱妻子、子女。我们完完全全用我们的仁爱之心，先爱家人，再用博爱之心去爱他人。你连你家人都不爱，你去爱别人，这叫表里不一，如同纸里包火，自欺欺人。

我最近讲了一堂课，讲到“人只为三欺而来”。是什么？第一自欺，第二欺人，第三被人欺。这是现代人生活的一个怪圈。什么叫自欺？什么叫欺人？什么叫被人欺？我们可以做个比喻。我就看到很多开车的人，一看摄像头，赶快把安全带拉上，欺骗摄像头，认为它不是人，只是摄像头。因为怕罚钱，说“可能罚50元呢，罚100元呢”。过了摄像头以后，赶快就放开，一会儿加速，最多到180迈，马上又急刹车停下来。为什么？测速。你看，把自己这个心情弄得忽地起来了，忽地又回去了，你说能不生病吗？开车的过程中都不能恒温，着急，一出车祸，被车欺了。你看，开始欺人、欺摄像头、欺测速，最后把自己欺了——命送了。

所以我们要明白这个道理，要用天性想事、天性处事、天性做事。天性就是我们脑海中的真善美、感恩、宽容、理解、珍惜、支持。我们尽孝道、爱妻、爱子女，要落实到用天性做事上。

什么是用天性做事呢？一个人，拥有天下所有钱财，能帮助天下贫困之人，却不能孝顺父母、厚爱手足，对妻子、儿女不负责任，其慈善做得再好，都不能算是好人。好人的标准是从家里开始。和谐社会从哪儿开始？从我做起，从我家做起，从我社区做起，从我市做起。当我们没有办法改变别人的时候，我们先改变自己。改变自己之后，再用行动去感动他人。你要先改变别人，不是招气，就是招恨。

这一堂课我们讲的就是天性。对天性的东西有了概念以后，你才知道，原来做任何事情都要从天性出发，这叫在天堂生活。不违法，不会悖理，也不会悖德，自己的人格魅力、德行和修为全面提升，那你的福、禄、寿就全了。善思维的人有福，善做事的人有禄，善存心的人他就有寿——仁者寿。要是懂得了这个道理以后，在人生道路上，你就能掌握命运了。

这个命运，我经常在讲，男人是命，女人是运。男人在家里，他不会出嫁，他的姓氏是不会变的，除非上门。这个女人来了以后，为什么说“娶个好女人旺三代”？女人这个“运”做到了“德”，就能把这个“命”给推动，这叫“运命”，夫妻一生就好了，就能设计子女、设计父母、设计自己。要是男的这个“命”恶得太多，女的这个“运”又很弱，那这个“命运”就一辈子可怜。

下一堂课我给大家详细讲讲心性——所谓的命运。刚才讲的天性比较深。因为我一看，小学三年级跟我是同僚的才两三个，你们都是高学历，就讲深一点，来一次不容易。我听主办方说有书送给大家，所以大家也可以看书，书上讲得很浅。而我这次来一天，主办方对我这么热情，我要对得起大家，要讲点深的东西，也显得自己有点文化，不然老显得自己没文化，也不好。谢谢大家！

第二讲：夫妻和睦能化解一切灾难

尊敬的各位长者、各位朋友，大家中午好。前面讲了“命运”和“运命”。同样是两个字，要把“命”放在前面就死了，要把“运”放在前面就活了。就像我们古时候常讲的“妻贤夫祸少”“家有贤妻，丈夫不遭横祸”，即使丈夫“命”里有很多大的灾祸，因为妻子这个“运”很好，就能把它化解掉。

我们看到很多媒体报道夫妻感情好的，有的相伴百年，去世时相隔一两天，甚至有的同一天去世的。这种现象特别多。我在农村碰到一个老人家，他老太婆去世了。晚上农村讲究烧夜纸，他边烧着夜纸边跟他老太婆说：“老太婆，等把这个纸给你烧了，我就陪你去。”结果晚上烧完夜纸以后，他第二天躺着就走了。你看夫妻感情好到这种程度，能达到同命。

夫妻相和，人生才能“好”

咱们中国有很多古圣先贤，其中有一位叫伏羲大帝。他观自然景象，创造了一个太极八卦图。这个“太极”就分阴阳，阴阳代表男人和女人。我们古人看到了这种现象，就创造了一个字，一个“女”和一个“子”，合在一起就是“好”字。我接下来用一堂课的时间，讲夫妻和睦能化解一切灾难。为什么这么说呢？两个人好了，自然就能长寿。丈夫生病都是被妻子害的，妻子生病都是被丈夫害的，因为你们相互残害，不懂得疼惜和爱护，所以会导致对方生病。

上一堂我给大家讲了天性的东西。我们要用天性想事、处事、做事。这一堂课所讲的就是我们的心性，也就是所谓的禀性。

这个禀性在什么地方？就在夫妻方面。我们的禀性就是爱发怒，别人夸我们，我们就高兴；说我们，我们就生气。这个禀性里面产生的东西是怨恨、仇视、嫉妒，有很多恶的心性。

要是天性指挥我们的眼睛，我们就会微笑；用心性指挥我们的眼睛，一生气就会怒视。这个眼睛实际是一个器官，就看你是用天性指挥，还是用心性指挥。眼睛只是一个外相的东西。那心性的东西我们怎么样能掌控它、让它好？我们长养天性，让天性指挥心性，你这一生就非常好。

夫妻之间为什么会讲到心性呢？你看，男大当婚，女大当嫁，长大以后要适应天道。所谓的天道，就是父母之意、祖宗之续。家族要留香火，要让我们的血脉传承下去，那我们就不能悖理，不能悖德。现在为什么出现了夫妻翻脸比翻书都快？因为我们悖理悖德太多，不遵循古训。

过去人结婚，嫁人品，娶人品。现在人，娶钱财，嫁势力，因为势利眼。一想，这个女孩是独生女，我一娶，她家的钱财全是我家的，这叫娶钱财；这男的是官，家族有背景，我要嫁给他，这叫嫁势力。这些完全违背了人道。人道就是仁爱。仁爱是“德者本也，财者末也”。有德有财，便是福；无德有财，便是祸。古人讲的“厚德载物”，是人在物下，不是人在物上。我们永远把自己看得低低矮矮的，遵循古训去做事情，才不容易走偏。

过去夫妻恩爱白头，现在中国却流行早上结婚下午就离婚。我经常在讲，男女贪色，是世间一大奇灾。为什么？和动物一样，没有天性的升华，变成了畜生的行径。男女要是把这一块儿管不好，那就和动物没有任何区别。人和动物的区别在于人讲情义和恩义，相守自始至终。可是我们现在人不如动物，你看鸳鸯都自始至终。前段时间，在贵阳一个湖泊里面，我看到鸳鸯都不离不弃地在一块儿。

现在我们很多人的这种情操甚至还不如狗。我听一个朋友跟我讲，一只母狗被撞死了，公狗在那个地方守着，别人帮它把尸体往回拉，这狗也咬着往回拉。人挖坑把母狗的尸体埋在那儿，这公狗天天守着不走。你看狗能做到这种程度，可是我们人呢？翻脸比翻书都快，完全不符合我们这身人皮。这是丧失了我们的天性，助长了我们禀性的恶习。禀性起来，恶习就产生了，我们就没有办法自控了。

在座的各位长者，我们都有责任把自己的未来、把子孙的未来、把父母的晚年设计好。老人生病都是子女气的，我们要让老人顺心、安心、养心、喜心、乐心。我们现在让父母伤心、痛心、操心、费心、劳心，我们错了。这是我们有问题，我们不懂得护根，所以我们没有为父母设计好，也没有把我们的人生设计好。

男人做到“三刚”，女人才会旺夫

人这一生，夫妻要怎么样设计，才能变一个“好”字呢？这非常重要。

男士设计自身要做到“三刚”。

第一就是性刚没脾气，不发脾气。发脾气是男人无能的表现。发怒的“怒”字，上面是一个奴隶的“奴”，底下是一个“心”。奴隶当了心的家，你就降了贵格了。你自身没有贵的性，那你就变成贱命。再加上男人上火也不好。古人创造的字，火上火，就是炎症的“炎”字。第一个火本来是我们身体的体温，保证我们生命的。你一上火，就要生病，这一病就不轻，害人害己。

男人怎样才能把火消掉呢？就要借水。我们古人讲的，“上善若水”。这个水是谁呢？就是女人。女人要性柔如水。这就是幸福家庭应有的关系。炎症的“炎”字加三点水，就是淡定的“淡”字。男人是家庭的顶梁柱，在整个家庭中处于重要的位置，至关重要，你若不能淡定，整个家庭就慌，就乱了。所以男人要做到性刚，不能发脾气，要淡定地处理人生，处理一切事务。

第二，男人要做到心刚没私欲。什么叫私欲？男人一定要明白，对你岳父岳母要像对你爸妈一样。你只把你爸当爸，把你妈当妈，对你岳父岳母不好，这也是不明理！现在很多男人对岳父岳母不好，这是不对的。你要明白，成功男人的后面必定有个成功的女人。你想得到女人的帮助，就要护她的根。她的根就是她的父母。你只想你父母享福，你对她的父母不理不看，这叫悖理悖德。

人家父母不容易，养个女儿 20 多岁，嫁到你们家里，把心头肉、掌中花交给你了。她离开了自己的亲生父母，离开了自己的亲人姊妹，来你们家，你要是对她爸妈好点儿。她爸妈还想“我们选择得不错，你看这女婿还挺好”。这“根”一喜悦，你太太就会旺你。

有男人说：“秦老师，你看我老婆旺不旺我？”我说，所有女人都有旺夫命，关键是你这个丈夫值不值得人家旺。你净干缺德事，不懂得护根，不懂得孝敬自己的父母，不懂得孝敬自己的岳父、岳母，那女人怎么旺？这说明你有问题，你漏福。

人都说婆媳关系千百年来难处理，我告诉你最好处理。你把你岳父、岳母天天顶到头上，你媳妇就会把你妈、你爸顶在头上，这叫相互的。我把我岳父、岳母接到北京来，一直到现在，我媳妇跟我妈像母女，哪像婆媳。我丈母娘都嫉妒，跟我说：“你看我这女儿，是嫁到你们家的吗？我这女儿跟你妈话说得多，跟我都不怎么说话。”

你看看，这叫护根。要不，别人说："你怎么对你婆婆那么好。"我老婆讲："我老公对我爸妈太好了，我太感动了，没办法对人家不好。"人要让别人感动，我们一定要明白这个道理。男人要做到心刚没有私欲，你要对岳父岳母好，这叫护根。

男人心刚没私欲，上面讲的是在家庭中。那在工作中，男人不要贪污，不要受贿。人都有自性光明。这个自性光明指良心，男人千万不要埋没了自己的良心。你一开始拿个杯子，下一次就会拿个物品，久而久之，就会受贿人家的钱。

男人在工作中不该吃的饭别吃，吃了烫嘴；不该拿的东西别拿，拿了以后就要栽跟头；不该收的钱不要取，人死了把钱带不进坟墓，可是量刑的时候，这取的钱就会有大的作用，这叫凶财，所以不能自私。

心刚不能有私欲。在工作中，一定也要做到，可以同流，但是不要合污。同流是为了适应社会，适应环境，不合污是为了明哲保身，树祖宗之德，为子孙做一个好榜样。实际上，人这一生真的是这样。

所谓"心刚不能有私欲"，这个私欲可以体现在五个字上面：贪、嗔、痴、慢、疑。打个比方，我们买菜的过程，就能体现贪嗔痴慢疑。这是瞬息间的事情。买菜的时候菜价高，你是不是会贪？讲价。讲不下来的时候你就会生气，"你的菜怎么这么贵"，马上转身走了。走的时候心里还有疑惑，别的地方的菜比这儿还贵怎么办？再一想，他这儿菜为什么贵？人家是不是好？买菜本身很简单，无非买了掂着就走。你看复杂了，想一大堆问题，你累不累？有那时间，还不如静下心，喝喝茶，休息休息。你看买菜的过程中，这个瞬息间，贪嗔痴慢疑全有了，所以我们这个心不能自私。这是第二个，心刚不能有私欲。

第三，身刚不能有不良嗜好。这个不良嗜好大了就是吃喝嫖赌抽，就是因为一些恶习，我们控制不了自己的身行。讲到这一块儿，大家就要回想我第一堂课所讲的天性。从天性出发，抓住心性，习性自然听话。你要是不用天性，用心性、习性的话，这个心性和习性就会同流合污，它会纵容你做恶事。把天性扔一边，天性就不会呈现出来。

天性就是我们古人讲的“人之初，性本善”。禀性就是我讲的，小孩出生有五种东西不会，可是小孩出生的时候就带着禀性。禀性就是贪嗔痴慢疑。我们看一看小孩、小朋友，他正喝着奶呢，你把奶给他拔掉，他双手抓得紧紧的，他贪。你抱着别人家的孩子，没抱他，他说“你是我妈妈，你怎么抱他”，他会生气。你不是他爸他妈，你给他点儿糖，你说“你管我叫爸爸”；他也叫，你说“你管我叫妈妈”，他也叫，他痴。小孩疑不疑惑？十万个为什么，不断地问这问那。所以小孩出生的时候就带来禀性了。那要想去除，就需要天性出来把它降下去，抓住它，不让它呈现。实际就这么简单。在孩子出生的时候，你会发现很多人生的秘密。

我们要明白这个道理，常让小孩子产生感恩心、珍惜心、爱护心、疼惜心和好的习惯，就把他的天性设计出来了，那他的禀性就不起作用，他的习性自然就没有了。我们人都是一样，常用天性做事，禀性自除，习性自关，就这么简单。实际人生命运好控制，很多人却弄得很复杂，讲什么人命天注定。什么叫天注定？是这儿注定（编者注：老师用手指脑）。你把这儿浪费了，就被“定”死了。

我们懂得这个道理之后，对任何宗教都不会迷信。我们看天主教，爱世人，“爱”字就是它的天性；佛教，慈悲就是它的天性；伊斯兰教，仁爱就是它的天性。你看这都是仁慈，仁慈就是天性，只是用了不同的名词，但都是为了让我们把天性展现出来。

我们完全不需要给身上再栽进任何东西，只需要天性出来就行了。每个人都具备天性，杀人犯出生的时候也是纯洁的婴儿。男人明白这个道理以后，要做到“三刚”：性刚没脾气，心刚没私欲，身刚没有不良嗜好。这个非常关键。

转变心念，翻转离婚局面

记得我在北京的时候讲到这个课题，一个男士听完，回家就落实得很好。有一天他的太太告诉他一个事情，说："我聊网友呢，聊了一个男士，比你帅，比你有钱，我要跟人家走了。要不你就跟我离婚，要不你自己重找一个，反正我是不跟你过了。我们已经约好了，六点半在某某地方，人家来接我。"

男士一听，这气就上来了，就想把他太太打一顿。可是猛然一想："秦老师讲的'三刚'，'这女人学坏都是男人害的'，那绝对是我有问题。这命运不是自己掌握的吗？我要设计设计。她不是要跑吗？我设计让她别跑，这才体现了我的能力。"于是他就运用到男性的"三刚"。

这个男士还想到我讲的一句话，男人不能发火，要淡定。五行学说讲，火是克金的。男人常上火会克金，命中即使有座金山，都会变成水流掉，一辈子穷困潦倒；即使有钱，都会百病缠身。所以男人不能发火，它克财。你为什么当官辛苦、挣钱辛苦？脾气太大，上火，自克。改掉就行。

这个男士想：我太太学坏，我有问题，我要改进。怎么改进呢？他对太太说："太太，我们结婚十几年了，真对不起你，让你跟着我受罪。你能不能明天再走？"太太就讲了："我明天走、今天走，都是一样，无非都是跟人家走了，你还有什么想法？"

这位男士就讲："太太，你这个时候走，银行都关门了，等明天你走的时候，我去银行把咱们家的钱全都取出来，你拿着走。我听你说人家很有钱，你别花人家的钱，省得人家看不起。你把这些钱全都拿上，在那边要是过得不好了，人家要是欺负你，看不起你，你记得，我跟孩子在家里永远等着你。"这话一说完，那女士放声痛哭，说："我脑子进水了，打着灯笼也找不到你这么好的男人。我要跟人家跑了，你却不责怪我，还关心我，把家里钱全都给我。你说我这不是有毛病吗？我跟他说说，我不去了。"

最后这男士见我以后说："秦老师，你讲的命运设计太厉害了。我这个家庭马上就要破散，媳妇要跟人家跑了，我这一设计，媳妇留下了，还对我更好了。我相信'上等人生在自己身上'，改变命运在自身。"你看看，转念间，家庭的矛盾就能化解掉。

男人要常念妻子的恩德

当我讲到孝道的时候，你有亏，赶快在心里忏悔，“我回家要对我父母怎么样”。讲到男人“三刚”的时候，你哪儿有毛病，赶快告诉自己改正，那家庭的祸端就能化解，你的“好”就来了。这里是一个归纳的场所。这么多的爱心人士在组织，这个地方可通于神明！神明就是你的祖先、你的父母。现在就是翻良心的时间，你要在自己身上归纳。

男人的“三刚”非常关键。这个是从禀性上面处理，从习性上把天性抽出来。我们的心性和习性，实际都是帮助天性更好地去完美人生。

男人还要常思人恩德。思谁的恩德？思老婆的恩德。真的，你要想，这女人会生孩子你不会，要不你也来一个？就这一点，你也要对你太太感恩戴德。

男人这些方面要是做好的话，一辈子都不得癌症。“三点水”一来，把“炎”症消了，这叫“淡定”。病无非就是暴躁、急躁导致的。“你为什么生病？”“气的。”“谁气的？”“老婆气的。”光会怨别人，不会怨自己。所以我们一定要明白，男士要做到“三刚”，这个是非常好的事情。

古人创造字都特别有意思，一个“女”，一个“子”，就是一个“好”字。这个“子”字在哪边？在右侧，男人位。这个“女”字在左侧，女人位。男人站在男人位，女人站在女人位，这合一块儿才是“好”字。你要颠倒过来了，我不认识是哪个字。这就像我们讲的“人要顺道而行”一样，顺应自然大道、伦常大道、做人之道，不能逆道，逆道则亡。在道内走，天地护佑；在道外行，灾祸不断。这是我们要遵循的道。我们为什么遇到那么多的灾难？为什么遇到那么多的不顺？都是因为我们背道，没有顺道，这是我们的错。

女人“三柔”，做男人一辈子的贵人

男人做到这一块以后，女人该怎么做？妻子是丈夫一辈子最重要的贵人，一生不离不弃的贵人，古人讲的“家有贤妻，丈夫不遭横祸”。所以女人一定要做贤妻。怎样做一个贤妻呢？贤妻就要做到“三柔”。

第一，性柔如水，调和百味，旺夫、旺子。我给大家讲的淡定的“淡”字的三点水，就来自女人。

如果丈夫出了问题，丈夫嫖娼、犯桃花，丈夫在外面做生意赔钱，都是女人害的。为什么？“好”字没做好。人只需要把“好”做好，一切都好。你“好”字没有做好，女人不像女人，丈夫怎么能好！母鸡就是下蛋的，公鸡就是打鸣的。你非要把公鸡逼到家里下蛋，母鸡跑去打鸣，公鸡在家里下个蛋你也不敢吃呀，所以这就颠倒了。这一颠倒，你的人生自然就很痛苦。这种痛苦是没有用天性，而用了心性——所谓的禀性。我们用了这个东西，就导致自己的人生不好。

女人要性柔如水，调和百味，专门灭丈夫的火，让他淡定；

专门树丈夫的德，让他顶天立地；专门养丈夫的心，让他纯善无染。这是水的德能。你看水果脏了水能洗，淘米也是用水，水真的是有利于万物。女人性柔如水，这叫旺子、旺夫、旺家之相。

那女人怎么样做到性柔如水呢？女子说话要柔和，让别人听起来悦耳、善听，这是“妇言”。再下来，就是“妇行”，女人要端庄、贤惠、母仪天下，言行举止做好表率。所有男人都是女人生的，所以女人就要做到母仪天下。

我最近讲一堂课，说女人在外面要把丈夫当天，捧着他，树整个家庭的威信；在家里要把丈夫当成儿子，要疼爱。就这么简单。你那么疼爱丈夫，他哪能乱跑，他多乖，老在家里守着。所以你没做好，他才跑，是你错了，与他没关系。所以女人要性柔如水，调和百味，旺子、旺夫、旺家，这是非常重要的事情。

女人要把自己变成柔水、德水、净水、养人之水，这叫女人的水。不要把自己变成洪水、开水、烫人之水、红颜祸水、害人之水，不要把自己变成那样。你把自己变成开水，你看100℃的水你敢喝吗？烫舌头，倒在身上把皮肤都烫伤，可别变成烫水。更别变成洪水，你看洪水一来，淹宅地，淹城市。你更不能把自己变成红颜祸水，那是害国、害人家整个家族，这个可怕得很。我们就要想一想，作为女士，你有没有做到德水、净水、清凉之水、养人之水？这是女人第一个要做的。

第二，女人要做到“心柔家暖”。因为家庭是温暖的港湾，在外面暴风雨太多了，回到家里需要休息。这是留丈夫、给他充电的地方，这个时候需要关怀、理解、支持。你别天天回来以后，机关枪嘴不断。自己认为我是刀子嘴豆腐心。什么刀子嘴豆腐心？你刀子久了，把丈夫就捅外面去了！

女人要给男人当好小棉袄，让他穿着暖和，心里舒服、顺心，千万不要把自己变成大冰块子、大木头疙瘩。你让男人左边一摸是凉的，右面一摸是硬的，你说他不找情人找谁去？男人找情人都是女人害的，你不温柔，不会做小棉袄，就是这样。

我经常在讲，女人要永远给丈夫当好垫脚石，千万不要当绊脚石。我遇到很多官员贪污都是被太太害的。丈夫不收礼，妻子在家全收，还美得不得了，晚上开始给丈夫做思想工作，最后把丈夫给拖下水。判刑的时候，她又放声痛哭。这种就是害人之水、丧德之水。这多可怕！所以妻子要树夫之德，不要毁夫之德。女人永远要做到助夫成德，不要累夫成罪。这是女人要做的第二点，心柔家暖。

女人要做的第三点是“嘴柔家和”。家庭是讲情义、恩义的地方，不是讲理的地方，也不是争赢的地方。讲理要去法院，争赢要去赛场，完全没有必要在家里较这个劲儿。所以女人要嘴柔家和。

我记得我在北京的时候讲过夫妻关系，讲“男人是风，女人是水，夫妻和谐才能顺风顺水”。男人要当微风、柔风、清凉之风，女人要当净水、德水、养人之水。女人要是把自己变成洪水、开水，就是害人之水；男人要是把自己变成台风、龙卷风，就是伤人之风。

古人讲“天时、地利、人和”：“天时不如地利，地利不如人和。”这个“天时”是人的良心，“地利”是人的行为，“人和”就是人的言语。我们要明白这个道理。良心的体现在行为，行为所表现的对人的仁爱就在言语，在关怀，在爱戴。言语是表达、交流、沟通、解释最好的方式，这就叫“通”啊。你看，“天时不如地利，地利不如人和”，“人和”就是你的言语。所以女人要做到嘴柔家和，说话温柔才是女子之道。

对“小三”也温柔的智慧女人

我记得在北京讲课，一个女士，她老怀疑她丈夫有“小三”，心里很难过，很生气，听完我讲的女人“三柔”，就觉得老师讲的话要落实。有一天，我见到她丈夫接孩子，吓了一跳，我说：“你怎么今天接孩子？从来没见过。”这个丈夫跟我讲：“我还跟我太太说抽空要去感谢你呢！”我说：“为什么？”他就跟我讲他太太听完我讲课后的改变。

什么原因呢？这个妻子有一天给她丈夫打电话打不通，手机关机。后来一个女的给她打过来了，说：“你快来吧，你丈夫跟我好了十年了，现在我想了想，不能再跟他好了，可是得要青春损失费。你拿十万块钱来，把他给赎回去。”她一听，气就上来了，可是一想：秦老师讲了，男人犯桃花都是女人害的，看来我这女人没做好，连丈夫都留不住。“小三”给她打电话就讲：“让你丈夫跟你离婚，他就是不离。所以我想了想，你给十万块钱，把他带回去。他在我这儿押着呢。”

她一听，火就要起来，一想女人“三柔”，没火了，就跟

“小三”说：“这位女士，太感谢你了！这十年来，你陪我丈夫真是‘三陪’：陪吃、陪喝、陪睡。我这请个保姆也做不到呀。你先在那儿等一会儿，我马上去取十万块钱。这钱该给你，要是请个保姆的话，这二十万也下不来，谁知道你才要了十万，多便宜。别着急，我马上给你送来。”这“小三”一听，气得够呛，本身想把她气一气，结果人家不生气，反而很大度。她跑到银行迅速取了十万块钱，到“小三”家里，一开门，把钱放在那儿，说：“下一次你再需要照顾我丈夫，提前告诉我，我带他回家了。”然后领着他丈夫赶快回家了。

这男的在路上说：“你骂骂我！”“骂你干吗？”“那你打打我！”“打你干吗？”“那你还给钱？”“你看你，大度点儿，男人肚量要大。人家陪吃、陪睡，陪你十年了，才给人家十万，要是请保姆的话也得二十万。”他一听，不但没挨训，太太还给他宽心，怕他心疼钱。他就说：“太太，我对不起你！”“哪有对不起我！跟人家搞了十年了，还舍不得跟我离婚，证明对我很有感情。我不懂得珍惜，我向你道歉！”

你看看，这位女士会设计自己的命运！她这一设计，这男的好得屁颠屁颠的，回家也学会做饭了，也学会接孩子了，而且天天接送老婆上下班。她丈夫见到我说：“感谢你！我问我老婆怎么变化这么大呀，她说她听了秦老师的一堂课。”

你看看，这是人生设计。有人说什么，“我命中注定了”“我命中就该遇车祸”。胡说八道！这是骗人、欺人、被人欺！

哪有这个道理？你自己想出车祸吧。要不有人说，“我要买个车险”。为什么？“出车祸了可以赔偿。”买这个就是为了出车祸！

有的人更可怕，我遇见一个女士，人家跟我说她很善良呢。谁知道我和她在路边走，看到一个乞丐。很年轻的一个小伙子，写了张纸，上面写着他钱包被偷了，需要钱。我给了点钱，就走了。她说：“秦老师你做得不对。”我说：“为什么？”“四肢健全在这儿要钱，你都给他钱。”我说：“你什么情况给他钱？他胳膊、腿断了，你才给钱？你一点儿慈悲心都没有。人家胳膊、腿好好的要点钱多好，你非要人家变成残废才给钱，你这残忍至极，你还说你心善？”那女士一听，说：“秦老师，我明白了，我真不心善。”你看，这起心动念都是恶的。你非要人家残疾了才给人家钱，你存心不善。你要想想，说不定那个人真的很有危难。你只管给他就行了，别管他骗不骗人，别管他四肢健不健全，那与你没关系。像你这么一说，那人不能要儿子，不能要女儿，生出来以后不孝顺怎么办？

现在人不用天性做事，用心性和禀性把自己害苦了，非常痛苦。所以女人要做到嘴柔家和。你看，面对“小三”的时候，人家嘴都这么柔和，把家庭挽救了，多好。

两招让丈夫不在外面“磨蹭”

我记得我在北京有一堂课讲女人的话题，当时有个女士跟我说她要离婚。我说：“你为什么离婚？想想你丈夫的优点。”她说：“他没优点。”我说：“没有优点，你怎么嫁给他？可想而知，你当时的肚量多大，涵养多好，修为多高。证明你丈夫没变，你这几年的肚量、修养、涵养跑哪儿去了？”她说：“我丈夫过去有优点。”我说：“那就行了，你想想他过去的优点。”她说：“缺点还是很多，还是想离。”我说：“你真想离？”她说：“不离没办法。”

我说：“告诉你两个方法，会让你不离婚，而且还会使你丈夫对你感情更深。”她说：“什么方法？”我说：“你平时给你老公打电话怎么打？”她说：“他晚上老喝酒，回来很晚，我就打电话，‘你干吗呢？’‘喝酒。’‘你喝吧，早晚把你给喝死！’我这刚一说完，老公就说了一句话，‘我喝不喝死，关你屁事！我要喝死了，你就变成寡妇了！’”这俩人就在电话里对骂。

我跟她说："你以后打电话加三个字。"她说："哪三个字？"我说："'亲爱的'。"她说："这多肉麻呀，没说过。"我说："夫妻就要像情人一样的关系、朋友一样的关系。相敬如宾，这叫夫妻。'亲爱的'三个字怕啥，你就说说吧。"后来晚上十一点多了，她给丈夫打了一个电话，刚一说"亲爱的"三个字，她老公把电话挂了。

挂完以后她就给我打电话，她说："秦老师，不灵！"我说："为什么不灵？""我刚说'亲爱的'三个字，他把电话都挂了。"我说："你别着急，你这尖酸刻薄习惯了，你丈夫还没适应，你这一温柔，他觉得有问题。你别着急，几分钟以后电话就打过来了。"

果然，她丈夫回了个电话说："您好！请问您是谁？您怎么用我老婆的手机给我打电话呢？"她说："老公，是我。"她老公立马说："太太，你怎么了？我马上回来！"往常叫都叫不回来，这温柔的三个字，男的马上跑回来了。

这女士照着我说的第二个方法，拖鞋一拿放在门边，端着一杯茶出去。她丈夫说："太太，你今天怎么不正常？"这位女士非常镇定，说了一句话："老公，过去的我不正常，今天的我是非常非常正常。"她老公把她额头一摸，没发烧，说："太太，你怎么今天变成这样了？"她说："这样是我的本性，过去我没有用天性对你，天天用禀性、习性对你，所以你反感。过去我老认为自己很好，现在听老师讲的女人要'三柔'，知道我没做好，我要做好‘三柔’就能助夫，就能旺夫，就能帮夫，就能爱夫，就能疼夫。”

你看看，这位女士做得多好。她这么一做，夫妻关系就好了。这位男士见到我说：“秦老师，你要多讲。你都不知道，过去我太太一回家就翻包、翻手机。她一打电话就说，‘你干吗呢’‘喝酒喝死’。天天让我喝死，我想‘我死了，对你有啥好的’。我一说跟谁吃饭呢，她赶快就打电话问一问，考证考证，把我弄得在朋友面前很没面子，人家都说我怕老婆。最后弄得没办法，即使没有应酬我都在外面磨蹭，磨蹭到她睡着了我再回家。谁知道你这一讲，我作为男士才有好日子过了。”

我们想一想，女士性格刚强很可怕，所以这就叫设计。你家庭今天的幸福跟你的嘴巴、眼睛、耳朵、行为、存心都有关，你家庭今天的矛盾也是如此。家庭幸福与否、工作环境快乐与否，都是你自己设计的。

一个“女”，一个“子”，放在一起就是一个“好”字。这个“好”字，“女”在左，“子”在右。要是真的“好”了，家庭的旺运不就来了吗？夫妻和睦以后，真能化解一切灾难吗？答案是：绝对如此。

好太太真情治好丈夫“亏妻病”

我有两个案例非常震撼人心。2006 年，我在北京开讲《了凡四训》，在每周六休假的时候讲一中午，讲了一年多的时间。当时碰到我在北京认识了六七年的一个朋友，这个男士对我一直很好，他太太也非常感激我。

他曾经在外面养了一个情人，一直想跟他太太离婚，听完我讲夫妻关系的课，他就想了想，说“不离了”。他问我：“秦老师，你讲这个夫妻关系的课，说夫妻关系好能化解一切灾难，我这不离婚，就能好吗？”我当时就问他：“你想要什么样的好？”他说：“发财呀。”我说：“你想一想，你在外面有情人，两个‘女’，一个‘子’，这叫阴盛阳衰。这阴一盛，阳一衰，就要漏财。”

从古至今我们看一看，皇帝最有福报，有三宫六院七十二嫔妃，不过皇帝的寿命都不长，平均寿命好像才三十几岁。那个时候的皇帝是世袭制，那个福报有多大，我们老百姓怎么敢跟皇帝去相提并论？我跟他讲：“你不光要对你老婆好，你还要跟这个‘小三’断掉，你老婆能救你的命啊。”他说：“我不相信，我身强体壮的，有什么事儿得保护她，她怎么能保护我？”我说：“真的。”他说：“我要不试一试？”我说：“那你就试一试。”

他一直坚持到 2011 年就再也坚持不了，跟我说：“秦老师，我这都五六年了，感觉挺好的，也没有要命，我还是离了吧？”我说：“你别急，再坚持半年好不好？”他说：“那行，咬咬牙。”于是非常心不甘情不愿地坚持了半年。可是还没过年，年底来给我拜年，他跟我说：“那我这坚持半年，运气就好了？家庭就顺了？”我说：“你别着急，你是因为利益，想发财，才不跟你老婆离婚，不是真的对人家好，你再等半年，你要真正能对你老婆好，那你就能发财。”

谁知道到过年跟前，年还没过呢，他就开始头痛。头痛以后给我打电话：“秦老师，我中邪啦。”我说：“你怎么中邪了？”他说：“我头痛导致腰痛，可在医院里头查不出毛病。”我说：“你别胡说了，我这人不信神鬼，也不信什么邪不邪的。你这个是对你老婆有亏欠，阴阳失去平衡了，这叫阴太盛，克了阳了，你这叫‘亏妻病’。你赶快到医院检查去。”他说：“啊，怎么叫‘亏妻病’？”我说：“‘亏妻病’是脑子进水了头才痛啊。你太太全身心对你好，把一辈子都交给你了，你不但对她不好，还在外面找‘小三’。听了我一堂课，因为发财你才坚持几年不跟你老婆离婚，你这马上又要想离了，所以你看，你这头就又痛了。”

后来他在天坛医院检查了以后，还真是有病，得了脑动脉瘤。这个脑动脉瘤严重到什么程度呢？第一次痛是流血；第二次要是再犯的话，就变成植物人了；第三次人就死了。他很害怕，医生说治疗方案有两个：第一种方案是做支架，做完支架以后有一个现象，很可能导致脑血栓、半身不遂；第二种方案是做手术，做手术能彻底治疗，可是手术中途要是出血，则人财两空。

检查完以后，他太太把这个情况告诉了他父母。他父母说："我们年事已高，养几个孩子，钱都花完了，哪有钱再给他动手术呀？"他的父母真的是没有办法。告诉了他的姊妹，他的姊妹说："我们都有自己的家，我们家的经济也不宽裕，那么多钱呢，我们怎么能出？"

他太太没办法，求娘家，求朋友，才把钱给借来了。借来以后，医生说动手术便宜，做支架几年以后还要换，还贵，他太太就只能选择做手术了。做手术之前，医生拿了病危通知单，说："你想清楚然后再签字，要是做手术他脑动脉出血死在床上，与我们医院没有关系。"

他太太当时就哭着说："我借了这么多钱，要是我丈夫动手术死了，我这人财两空，该怎么办？"后来给我打了电话："秦老师，我怎么办啊，我没办法了。"我说："我有什么办法？不过我跟你说个事情。"她说："什么事情？"我说："你问问你丈夫，问他好了以后要干什么？"她就问了她丈夫，她丈夫说："老婆呀，你看我现在病重了，我爸妈没钱，我姊妹没人管我，我要真的是大难不死，我以后一定好好对你，我这一生最对不起的就是你了。”现场非常令人感动，夫妻两个都哭了。

这个女士给我回电话说：“秦老师啊，我感动坏了。”你看这女人就是好糊弄，两句话就变成那样，所以说男士要对太太好点。这女士说：“秦老师，他说了，他最对不起我，他要好了的话，要好好对我。”我跟她讲：“你去签这个病危通知单吧。”她说：“为什么呀？”我说：“他死不了，他欠你的债没还，怎么能死？”她说：“那我就签了，老师，我丈夫的命就在你手里了。”我说：“你看，你怎么推卸责任啊？怎么能推给我啊？这是你们自己好了，这一个‘女’，一个‘子’，合一块儿就‘好’，阴阳平衡，万物皆生啊。这夫妻要是阴阳平衡，不生气，这孩子都是贤德的。”

结果做完手术以后，医生说，恢复得很快，是奇迹。这位女士就跟我讲，秦老师是救命恩人！我说，他自己是自己的救命恩人。他这个病是自己设计的，脑子进水，天天搞婚外恋对老婆不好，是他自己给自己设计了一个瘤子的病。他活了也是自己设计的，他知道自己错了。

在座的各位男士，谁要对太太不好，你赶快忏悔。这堂课一听，你要反省，回去对你太太好，转念间，这要命的灾就能化解，这叫阴阳平衡。你明白了，你归纳了，你“横”的这个轴就通了，因为良心翻出来了，良心有了。天时是良心，地利是行为，人和是言语。古人讲“天时、地利、人和”，就是讲这个。这是我讲的第一个例子，妻爱夫，感情之真，把丈夫从死亡线上救了回来。

第三讲：别辛辛苦苦地和幸福背道而驰

尊敬的各位长者，尊敬的各位朋友，大家下午好。中午有一部分没讲完，咱们下午接着讲这个“好”字。

实际整个上午，讲了一个主体，就是我们盖房子时候的大梁。第一个梁从天性开始，这一竖从头一直到脚心，这是正梁。还有个横梁，就是夫妻关系。我们人生实际就是个十字架，这个梁只要一正，上正下顺，夫妻和，家就能旺。我们整个课是个“米”字型，下午是讲撇和捺。你只要真正把这个课弄明白了，你真是心想事成。

简简单单设计上等人生

我这个人比较愚钝，记得在公司的时候，弄出很多笑话。后来我觉得这笑话也挺好，能让大家多笑笑。公司给我配了个手机，这手机拿了半年了，没接到过一个电话，也没打过一个电话，天天开机、关机，没电了再充电。

有一天去总经理办公室，我们总经理就说："秦助理，你的手机号是多少？"我说："我不知道手机号，公司配的手机，那公司肯定知道。"他说："不会吧，给你的是新手机。"我说："是的，新手机，你不可能给旧手机。"人家就把手机拿去，打开后盖一看，连卡都没装。你看我在我们单位闹笑话，这愚钝的，上学太少！

所以在单位里头，同事老说："一个文盲还能跑去当助理，我助理还是大学生呢。"我是个小学生，有时候都觉得惭愧，没办法。开始时同事都议论，说："这个文盲是走什么后门跑来的。"实际很简单，自己设计的。

我记得应聘的时候，人家都急着往前面跑，我都让人家先上。一个负责人实在看不过去了，说："你看那个人多老实地站在那儿。你们老插队，不行，你们往一边退，先应聘他。"就这个动作进来的，这一傻还傻对地方了。

人家随地扔垃圾，我一看见地上的垃圾，赶快弯下腰捡起来，扔进垃圾筒。这公司就像自己家一样，要爱厂如家。这是第二个原因，我因此变成了总经理助理了，因为捡的时候总经理在后面看见了。你看，这设计嘛，就在人心，命运就这样转变了。

谁知道我们总经理跟我相处的时候说，怪了，秦助理啥都好，就是不会笑。没办法，我就每天拿着镜子笑十分钟，笑一笑，笑得可爱了，就跑到董事长那儿打个转儿。董事长说："我怎么见你这么喜庆，笑得这么灿烂。不行，我给你们总经理打个电话，把你借调过来。"跑到董事长那儿去，这一笑，给我涨了五千元工资。你看看这设计的。

要不别人说，你怎么爬得那么快？我说我没爬，就是笑了笑而已。无意中，一看见有垃圾就捡，这是天性。你这心里想，不能捡，多没面子，那面子就真没了。在人生的道路上，我就这么设计过来的。我们同事老不服气，说你走的什么后门，给董事长送啥了，我说我天天冲他一笑，啥都没送。我就给他总结了一句话，"笑，招财、招贵"。我这一笑招贵，遇到董事长了；招财，涨工资了。这叫财贵。财贵就是从这儿来的。

人生设计就这么简单，别弄那么复杂好不好。很多人找大师，找算命的，都是胡扯。一个算命的还指望给你算命挣钱，那证明他就不行。他不如给自己一算，走什么方向发财，碰到什么人就升官，还用给你算命挣钱？那可怜成啥样了。

真正的大师给自己看。老指望给别人看，不会给自己看的，真不叫大师。这是骗人的。他只是摸通了人的很多规律，依这个规律，好像百说百灵，其实他的话都是模棱两可。他说“你有灾难，我给你化解”，结果你给了他一笔钱。如果还是遇到灾难了，他会说“我给你化解了，但是因为你心不诚，所以你遇到灾难了”。你要是没遇灾难，他则说“你看我灵不灵，我给你化解了，你没遇吧”。来回说，好像都是他对。实际哪有的事，只是他在说的时候，就已经给自己找了后路。他用这种方式，抓住人对某种东西不了解，却又有幻想和贪执的心，来控制你。

就像我碰到的一个老太太，一个大师要她给五万块钱，说“不给五万块钱，你儿子要遭血光灾”，还说什么不能让第二个人知道，一知道就不灵了。老太太背着老头子赶快取了五万块钱。谁知道儿子还是不顺，工作不顺，而且连老婆都娶不上。这个老太太说：“秦老师，我找个大师都花五万了，真怪了，老不灵，人家说我心不诚。”我说：“大师跑哪儿去了？”“大师这两天被派出所抓走了。”“大师都被抓走了，你还相信他？”她说：“你不知道，人家被抓走了以后还托人给我打电话，让我汇两万块钱作为保证金，说把他弄出来，他才能保佑我们。”我说：“他连自己都保佑不了，都进派出所了，你怎么还那么晕呢？”她一想，明白了：“原来是这样，那我不要去了。”所谓“大师”，就是抓住了我们这个爱子的心，以及我们对很多神秘的东西不明白的心理。

所以我们在人生中要经常设计自己怎么样去做事。比如女人“三柔”，你要设计呀。而我的这个相貌也是设计过来了。大家有机会到北京看看我的照片。我 20 岁的相貌是瓜子脸，很长的脸，像驴脸一样。现在脸圆了，最奇特的是，耳朵也变大了。人家说，“你这好，这人一胖耳朵也胖了”，还说“这耳朵大有福”。我说，“猪耳朵更大，都挑着吃了”。那与福没关系，只是外相的东西。

你看，古人讲“相由心生”，你就能感觉到。我们要懂得，在任何情况下，不要过于迷信。人家说读佛经有好处，是有好处，你念经念得多了，就不骂人了。所谓“祸从口出”，不骂人，祸就没了。念经念多了，你就开始吃素了。都说“病从口入”，你不吃添加剂、瘦肉精，全吃素菜了，那你病就没了，不就健康有福了吗？

我们要明白，所有的经典可以不分民族、不分国界地流传，是因为它讲的道理可以传世。人们在读诵一切圣贤经典的时候有一个好处，达到口善——今天说话不尖酸刻薄了，柔和了，让人爱听了。你工作中说话让人爱听，不得罪人，就没小人。你生活中说话让人爱听，家庭就会和谐。你对朋友说话，他爱听，那他就愿意和你相处。这祸就没了，就这么简单。

所以我们在信任何文化的过程中，千万不要把自己弄得很复杂、很痛苦，这样就不对。女人“三柔”，男人“三刚”，你要设计自己！你看我设计的，相貌都变了，所有的一切都变了。过去还胖一些，最近稍微瘦了点。我经常设计自己的人生，设计我父母，让老人顺心、安心、省心。你看我妈跟我老婆站一块儿，人家都说是姊妹，你看年轻成啥样。

人逢喜事精神爽。这老人家一个一个都高兴，“乐一乐，十年少”，就年轻。设计孩子也是同样的道理。我跟孩子讲：“孩子，你孝不孝敬我都可以，但是一定要对你妈妈好。”我儿子说：“为什么？”我说：“你都不知道，你妈妈怀你的时候，天天呕吐，都吃不下去，生你的时候差点儿把命都丢了。你看你妈妈对你多好！”我儿子一听“嗖”地就跑过去对他妈妈说：“妈妈，感谢你！”

所以你在孩子面前设计你妻子的形象，就能把孩子设计得有孝心。我们古圣先贤有智慧，教育的“教”字怎么写？先写“孝”，后写“文”。只要给孩子教会了孝道，不用教文，这个孩子也是成品。你要是给他教了孝道，又教了才华，这叫精品。所以有才有德是精品，无才有德是成品，无才无德是废品，有才无德是毒品。你怎么设计孩子？你把他设计成精品、废品，还是毒品，由你自己选择。

常带“元宝笑”，笑接五福

在我们的人生道路上，孩子、父母以及自己的人生，你完全可以设计。我给大家讲了，人家算卦的说我只能活到 25 岁，我今年都 32 岁了。我 1981 年出生，你看我多活了几年？那个大师后来见我就觉得，“你这个人把命都改了，我要跟你学习”。他反而变成我的学生了。这可不可怕？过去人家是大师，现在是我的学生。

人生怎么设计就在你自己。人家说我命中无子，连女儿都没有，谁知道我这一设计就生了一个儿子，第一个就是男孩。你看你起愿就会变，这就是我们自己设计的。所以人这一生你怎么设计，这个很关键。我问大家一个问题，你们会笑吗？怎么都不说话？你们会不会笑？我听心理学家讲的，说话声音比较洪亮，代表自立、自强、自信；声音特别拖拉，代表自卑、自欺。你们听这么长时间的课了，都不把自己设计成一个阳气十足的人，怎么说话这么拖拉，都有违主办方的这份辛苦。我再问大家一句，各位好朋友，大家会笑吗？（众笑）你看，你一笑，阳气就上来了。要上扬。刚才那个声音就是下降，这一下降就拖拉回去了。

告诉大家，动物不会而人会的功能就是微笑。笑分为四种。一笑像元宝，脸弯朝上，什么福掉下来都能接住。你要是不笑了，朝下了，就漏福，漏福就倒霉。所以这个微笑很关键。这是第一种笑，“微笑”，像元宝。你即使家徒四壁，也可以给人家来个微笑，不需要花钱，你这一笑，运气就变了。这个非常重要。

这一种笑是天真的笑，在小朋友的脸上可以看到。你看发一个糖给他，他都高兴，你看人家乐的，蹦蹦跳跳的。可是我们一个月几千块钱工资，还发愁、抱怨，一看就是倒霉相，还没有小朋友有福。大人复杂！就像有一次我送孩子去幼儿园，别人也是一个家长带一个小朋友。当时就很有意思，老师写了：“1+1=？”所有家长坐那儿都不说话，心里还想，哪有这么简单的题，想半天。后来有个小女孩忍不住了，说：“老师，1+1=2。”老师说：“正确！”小朋友赢了，家长都失败了，就是因为“复杂”。

微笑非常简单，可现在人的笑，都是笑里藏刀，不是真笑。你看商场服务员对你的笑，哪像我们义工笑得那么亲切，而且又是九十度鞠躬。服务员对你四十五度点一下头，再给你来一个微笑，心里就想，你这头朝地，脚朝天，四个口袋的钱全都给我倒出来。这叫笑里藏刀。你买东西，他有业绩，他能发财，这叫假笑。

你再看打麻将，四个人脚对脚，什么哥们弟兄，心里都想，我要把他们三个人的钱全都赢来。这时候的笑叫笑里藏刀。这是第二种笑，意有所图的笑。这种笑有杀伤力，毁自己的运气。所以我们要笑得自然一点，别笑得那么复杂。

人要是不笑的话，就和动物一样。我们老板说我不会笑的时候，我就开始锻炼，每天笑十分钟才出门。我发现猫和狗不会笑，眼睛发直。人要是眼睛发直，就和猫狗一样，你要不笑就是动物。每当我想起我不要当动物，我就要笑，说话都在笑。这一笑，官也升了，工资也高了，走哪儿都高兴。

你看这一笑还笑得能讲课了。我本来不会讲，讲课都是被人抓来的。人家请了一个大师，大师说他忙，来不了。那怎么办？这么多人，没办法，我这临时顶差，一顶竟火了。想硬着头皮说一个半小时，最后讲了四个小时，结果听众都不愿意走。人家说："讲得这么好，把你的稿子拿来我看看。"我说："我都不会写字，哪有稿子。"

对人生的设计，我们先从设计微笑开始，那从今天起，就笑得灿烂，像元宝，我们争取把自己变成大连市的微笑大使，谁一来大连，人真好，你看看笑迎天下客，那旅游火爆，多美的事情。先从设计微笑开始，我们管不了别人，先管自己，从明天开始笑。一开始可能是假笑，皮笑肉不笑，那也没关系，每天冲着镜子笑一笑，觉得很可爱了，再出门，就这么简单，这就是方法。

第三种笑就是皮笑肉不笑。你看有些人陪领导喝酒，不喝不行，喝得胃痛，脸上还要笑，这种笑就是皮笑肉不笑。本身工资不高，在领导吃饭时还要献殷勤，赶快去买单，像出血一样难过，见领导还要陪笑。这个就叫皮笑肉不笑，他很痛苦。

第四种，笑比哭还难看。苦瓜脸，冬瓜嘴，倒霉样，就这样。你别那么复杂，一天到晚好像谁把你们家孩子抱走了一样，老这样干吗，驴脸一扯，谁见你都会受影响，这样就不好。所以我们只能选择第一个，微笑像元宝，招财招贵。那后面这三种，什么笑里藏刀、皮笑肉不笑、笑比哭还难看，我们都不要，我们要设计一个微笑。

开始学笑可能还有困难，比较复杂，可是一定要坚持，一坚持就比较好。我记得我第一次开始学笑的时候，在电梯里面看见一个老阿姨，头发白白的，特别慈祥。我就给她把电梯按开，我说："阿姨上几楼？"然后冲人家一个微笑。谁知道那个阿姨把我一看："小伙子，你有什么想法？"吓我一跳，我赶紧说："没什么想法。""没有想法你怎么对我笑？"我被吓得够呛，我说真没想法，就是练习练习微笑。那个阿姨说："我才知道这人就该笑，不笑和动物一样。但我们家人都绷着脸，不会笑。"

后来，我一去她们家还真是这样，我就开始教他们。一教，老爷子跟我讲："秦老师，原来还是这笑着生活幸福。我们过去都哭丧着脸，一个跟一个都不说话。见你之后，我们才知道笑，老太婆见我一笑，我见老太婆一笑。这一笑，家里气氛都变了。

过去我儿媳妇、儿子回来跟我们说话，我们哭丧着脸。媳妇就跟儿子说：‘咱爸和咱妈哭丧着脸，千万别说话，说了发火怎么办。’久而久之，全家人沉默了。哪像一家人，把家当宾馆，没有家庭的幸福和欢乐。”

你看看，微笑能拉近人与人之间的距离，还能化解一切矛盾。你看我老婆要骂我的时候，我冲她一笑，我老婆说：“这还笑呢，把我气成这样！”这一笑，她也不生气了。所以如何设计夫妻关系非常关键。

我太太其实很漂亮，就是稍微有点黑而已。我记得我在北京的店里来了几个明星，一个是世界名模，真是靓妹妹，好漂亮，还来了几个电视台节目主持人。我夫人也来了。人家明星看见我夫人就说：“秦老师，这是您夫人？”我说：“是我太太。”“您夫人怎么这么黑？”

我一看，我太太难过了，不自在了，我想我得帮助她。我这个丈夫就要给妻子装福，不要装气，不要装怒，不要装恨，不要装烦，要来装喜、装福、装财、装贵、装寿，要装五福，不要装五毒。我就跟明星讲：“你不知道，我太太黑是黑，她是黑牡丹，物以稀为贵。”明星又说了：“您夫人怎么脚这么宽？”我说：“你不知道，我太太脚宽站得稳、靠得牢，所以找的丈夫不搞婚外恋。”明星就讲了：“您说我这个脚怎么这么细长？”我说：“你们长的是明星脚、艺术脚，不一样。”

我们可以自夸，但是不能毁他，我们在夸自己的时候还要赞他，这叫设计。你这一设计，太太高兴，朋友也高兴，你也高兴，这叫“三笑”。年轻时候笑，中年笑，老来也能笑，你这一生就幸福了。所以我们要设计，这样才好。现在人不明白，不懂得，这导致我们的人生非常痛苦。

做很多善事，为何人生仍不顺

有的人跟我说："秦老师，你看我一天又捐款又做慈善，我怎么还倒霉？有些人作恶呢，人家还那么享福。"告诉你，什么叫做善做恶。改变命运，靠心不是靠事，不是说你做了件善事就能把你救了，不可能的事。你心没变，你形象上的变是外在的，你根还烂着呢，你只是拿好事来弥补你的罪恶而已。打个比方，你贪污十万，要捐十二万才有功德。你贪污了十万，捐了二万，还负债八万，哪有功德啊？你还认为这是好事，这叫掩盖，为了埋藏你恶的影子，想引起别人对你的赞叹，这叫德不配位，必遭奇祸。你要明白这个道理。

很多人说，做了这么多善事，为什么不好？你哪里做善事了？你对人家客气是想着人家能帮助你，你能发财才对人家客气。你怎么不对你妈客气？动不动就顶撞她？你看你妈老了没用了。所以我们的方式完全错误了。你为什么给别人端茶倒酒？人家是老板，对他好点，人家给你涨工资，不开除你；人家是领导，提拔你的。你那都是假相，那叫拍马屁，而你则认为你那叫好事、善事。你那不是善事。

改变命运是靠心改，不是靠事改。你只要不做坏事，哪用做善事啊？做好丈夫，对家庭负责；做好儿女，对父母尽孝；做好父母，给孩子做表率。你只要做到不害人，就好了。为什么人家做坏事人家还有福呢？人家作恶可能就做错了一件事儿，或者伤害你的利益了，你就认为人家是恶，甚至还称人家是小人。你说人家是小人，人家还说你是小人呢，你为了个人利益，还损害社会、国家、公共的利益呢。现在的人用损德的方式挣钱、残害自己的方式消费，就是这个道理，很多人不明白。用禀性想事，用禀性做事，用禀性起心动念，这叫苦海人生，你就在苦海里面。我们在人生道路上真正要懂得，要明白这个道理。

改变恶习，儿女才能好

在人生道路上，有很多恶习会对我们的人生和我们的后代造成不良影响。

我碰到一个厅级干部，女儿天天换男朋友，不断打胎，不知道原因。我就告诉他："你年轻的时候好嫖娼。你看你侮辱的那些女孩，她们的年龄，都和你女儿差不多，你有感觉吗？现在你女儿这样，你的心里不好受。你嫖人家时，人家父母是什么心情？"劝君莫欠风流债，欠下债务有人还。这叫"如是因，如是果"，一点儿都不假。

孩子诸事不顺，都是父母有亏。夫妻爱吵架，容易上火，上烧老人，老人心里不自在，容易得高血压、脑血管疾病。下伤孩子，孩子心理不稳定，呼吸道也容易得病，容易得鼻炎、咽喉炎，容易感冒得肺炎。因为你把孩子伤了，他说不出来，他压抑呀。所以孩子呼吸道得病，大多因为夫妻失和所致。

现在人不明白，小孩得病多，是父母有亏呀，你亏大了，你是树根啊。你想一想，孩子是树干，孩子是树梢，风再大，树再摆，没事儿，来年还是枝叶茂盛，可树根一动，树就死了。作为我们年轻人，要淡定，一定要淡定，千万别想着做了恶事没人知。你心知道啊，你亏了良心啦。你开始做小偷的时候，良心还有点自责，久而久之，你就麻痹了。实际这个时候，就像你在医院动手术打了麻药，伤口还在，痛还在，只是麻痹了，麻木不仁了。你把那颗红心变成黑心了。你今天来听这个课，你哪儿有过失，你赶快就往外面倒，从心里倒出去，这样气场就好，你别带回家，带回家就加重了，因为阴装进去了，阳没有装进去，你要排阴。

我在北京碰到一对夫妻，天天设赌局赢人家钱，赚了五六百万，在北京给儿子买了两套房，还比较慈悲，怕以后有遗产税，以孩子的名义买的房。谁知道这孩子去了澳门一次，就把房子输光了。这两口子就放声痛哭。他说："为什么我儿子会这样？"我说："你想想，你这天天设赌局，都骗的谁呀？"他说："骗的年轻人。"我说："你是不是把人家高中生、大学生都骗过去了？"他说："是。"我说："这么多年，你算算你赢了多少钱？"他说："四五百万。"我说："这叫凶财呀，来得快，去得易呀，这钱不经花，你要明白这个道理。有些钱，我们是不应该挣的。"

有很多疾病，说心里话，也是我们的行为导致的。

疾病分为三种。第一种疾病，饮食不调，暴饮暴食，大鱼大肉吃多了。你看今天来素食店吃素食多好，这叫清肠胃，这也是自己设计的。你吃那么多肉，吃成“三高”了，回家要吃降“三高”的药，多痛苦。在这儿天天吃素，什么“三高”都没有，还正常生长。我们要明白，是我们的行为导致了很多的麻烦。所以第一种病，改变生活饮食习惯就能好。第二种病是性格上的病，暴喜暴怒，动了七情六欲，导致我们生病。第三种病是思想上的病，所谓精神病、抑郁症，都是思想上的病。精神病、行为上的疾病、饮食不调的疾病都与我们这颗心有关系，都是因为我们没有办法用天性做事。因为心里想，我不吃肉没营养，我这天天学这么好干吗，“人善被人欺，马善被人骑”，自己给自己找了很多借口。

在西安，我曾碰到一个精神病患者。有一个朋友跟我关系很好，说他舅舅过去是个领导，退休之后在家里，女儿得了精神病，谁都不打，一旦跑出来，就揪住他舅舅抽耳光，抽上几十分钟才能停下，抽完以后就把自己关到房间不出来。不知道什么原因，说是精神病，一检查，却没有，可是经常一犯病，就打她爸，不打她妈。朋友就觉得很稀奇，说：“秦老师，你要不去一趟？”

我去了以后，就问他的舅舅：“请问你当领导的时候管什么呀？”他说：“管库房。”我说：“你是不是‘爱厂如家’呀？库里有的你们家都有？”我这一说完，他说：“我看人家都乱拿，我想了想也没啥，就把库里的东西，不是拿回家了，而是拿去转卖了。转卖以后，给我们家盖了三间房子。”我说：“人做恶事，只有天知道。天是良心啊，天是祖先啊，天就是我们善良的天性。你祖先积了那么多福报才出了你这么一个官，你就开始损德，损害国家利益，‘爱厂如家’，厂里有的家里都有，你就给祖宗丢人。现在你孩子抽你耳光，损你的面子，就是代表祖宗在警示你啊。”

孩子患精神病，就是因为父母亏德了。这面子损得最美，谁都没办法，谁都代替不了，这个面子一下就损到底了。

这个精神病患者也很有意思。人家知道我去了，跟我聊得很美，一点儿也不像个病人，还很有思想，讲了讲她未来的发展。她爸觉得很稀奇。谁知道我这一走，又开始抽她爸耳光了。他最后问我怎么办，我说：“你还没有认识到错误呢。你想想你贪污的那个时候，面皮一碗多少钱？面条一碗多少钱？”他说：“面皮两毛，面条一块。”我说：“现在面条都涨到六块了，面皮都三块了。你想想，当时你贪污的那个东西，现在值多少钱？你要乘倍啊，乘倍以后你做慈善好不好？”他一想：“只要孩子能好，怎么都行。”结果人家做了一年，捐完了，好了，女儿也不打他了。

我们一定要明白，我们的很多行为是很可怕的，折子孙福啊。孩子诸事不顺，我们别怨天，别怨地，也别怨祖坟。有些人更可怕，说我们家坟不好，今天迁，明天迁，把坟挖来挖去。古人讲的，“入土为安”。你祖先都死了，你把他饶了好不好？你看今天挖明天迁的，你不损德吗？我们经常就是不怪自己，老怨别人。

我上午给大家讲得深，是因为它是根啊。天性做事，禀性被抓，习性就得听话。可是我们现在大部分的人在用禀性和习性做事情，把天性扔掉了，所以导致他人生诸事不顺，痛苦很多，他还不知道什么原因。我遇到这一类的例子太多太多了。真的是这样，做过了，子孙都短命，父母都受难啊。

孝亲感恩天降福

人这一生，要有善念，才能得天地护佑啊，这个是非常重要的事情。我在北京有个朋友，这个人好到什么程度呢？夫妻两个人很孝顺，租了房子，还把乡下的父母叫到城里来生活，每年都要接过来。现在很多人在城里生活，觉得自己爸妈老土得很，来城里多丢人，给点儿钱，在家里待着就行了。甚至有些人还想，“我爸我妈就习惯在农村生活”。说实话，那是骗人的。我爸我妈来城里以后，他们住了几年跟我说：“这城里真好，冬天有暖气，夏天有空调。”谁不愿意在城里生活啊。

父母说这个话，不愿意来，是怕你媳妇哭丧个脸，害怕给孩子添麻烦。我们不要老人这样一说，就心一横，不叫。越是这样，越要把老人接来。我们不能尽孝，在孝道上亏得很多，所以命就不好；我们在夫妻关系上缺得特别多，所以运就不好。我们对干兄弟、干爹干妈都视如己亲，可是对自己亲父母却视如邻居，那你就血脉不通，容易生病。

今天给大家讲了，用天性想事，用天性处事，用天性做事。

天性只要起来以后，这个心性和习性就全部停了。去年还是前年，我在友邦讲课的时候，有一个人听完我的课，他回到老家成都，就把课上赠送的光盘给了他的朋友。朋友一家人看完以后，不知道什么原因，跑到北京等了我一个月。我那个月忙得很，实在没时间，他们老给我打电话。我看这一家老住这儿，一个月的消费很多，那我就见一见。

人家见我也没说什么，只是说："我觉得看完你的东西，我的人生有了一个大的改变，我们一家人就想来见见你，感谢你。我们夫妻过去不会生活，经常吵架，生意做得很大，可是痛苦得不得了。看完你的光盘以后，我们一家人哈哈一笑，觉得挺幸福，所以就想见一见光盘上的老师，感谢感谢。"起了这样一个念头，就来见我了，见完以后对我说："秦老师，那我们准备走了，我儿子准备出国留学呢。"我说："你儿子出国留学，那就别去了，让他回家学开车去。"

这一家三口二话没说，回家了。我还在想呢，这不是给人家胡说吗？这留学名都报了，花了不少钱，你看我给人家说个这话。实际我也不知道怎么了，张口就说这话。

那家人还很老实，回家真让孩子学开车去了，就没去留学。后来一家人又来了。我说："你怎么又来了？"他说："秦老师啊，太感谢你了，把我儿子救了。"我说："啊，怎么把你儿子救了？"他说："我儿子留学的地方就是新西兰呀，去的就是震区呀。你说让孩子开车去，我们就想，秦老师肯定想了，这有什么灾难，我们别去了，回家吧。”

实际我当时啥都没想。这叫什么呀？人有感恩心啊，也会得天地护佑。这个感恩心从什么地方来呀？《弟子规》讲，报恩要长，报怨要短。就像我刚才讲的，我们的心要思人恩德，想人好处，这叫招财招贵。天天想人不好，抱怨人，嫉妒人，仇视人，这招阴气，不是招病就是招祸，我们要明白。

你想让你的子女不生病，你在人生道路上就不要做亏欠他人的事情。什么卖东西缺斤短两，买个菜都在那儿砍半天价，你就不想想，人家卖菜多不容易。你过节还能回家呢，他还摆着菜在卖。无非就是价钱高点儿，你想想，人家说不定就指着菜摊儿养家呢。你这倒好，买个菜，砍半天价都不走，净缺德了。小事情上面，都能展现我们的德行和人格魅力。

很多人说“秦老师，你神得很”，我哪里神，我不知道。人这一生，在做人做事上面，会遇到很多贵人，关键我们每个人都要把自己变成别人的贵人，不要把自己变成别人的小人，这个是人生设计。

很多朋友上我那儿去以后，他们的家人都会说：“秦老师那儿要多去。”你要是天天吃喝嫖赌，谁敢上你家去？一去，人家妻子就说：“看把我老公叫去都学坏了。”我们人这一生，要把自己变成天堂的人。天堂的人可以护佑人，可以帮助人，任何人见到你以后就能得到实际利益，这样就把自己的生活变成天堂的生活，这叫天堂的人。所谓“若能转境，则同如来”，把这个境界转过来，你的人生就转化了。

我经常跟我的老板出门，我跟我的老板说："别跟那个老板来往。"他说："为什么呀？"我说："他在地狱呢，他是鬼呀！"老板说："这好好的呀！"我说："他真是鬼。"他说："你咋知道？"我说："你不相信你跟他单独聊聊，跟他单独处处，屋子里半夜三更三四个小姐就来了。"他说："啊，真有这事儿？""不信你试试。"结果住的邻居说："一晚上在里面折腾呢，这个女人喊，那个女人喊。"我说："你说这是不是鬼？表面披着人皮，做鬼事儿呀。你看他在地狱呀，你跟他做生意会倒霉。"他自身种了倒霉的因，就要受报，很多东西不是我们能够左右的。我们天性的东西出来了以后，你就能左右，你要用禀性和习性，就一点儿办法也没有。

我们大家今天中午也听了天性、禀性、习性。在人生道路上，我们当官也好，做生意也好，做种种的事情也好，无非为了幸福地生活。幸福的生活从哪里开始？从孝顺父母，手足相亲，对妻子、子女负责任开始。这是我们的根呀！绕了一大圈，最后还是要回到原点。

凶财买不来幸福

过去人挣钱有三个目的。第一，为了幸福地生活，上养父母，中帮兄弟姊妹，下养孩子。第二个是为了结交良师益友。一个人不可以没有父母，但是也不能没有朋友。朋友就像冬天里的一杯热茶，给我们及时的温暖和帮助。父母是家人，朋友是社会。这两点做好了，内德、外德都有了。内外不缺德，那你内外也不缺钱呀。本人不缺德，子孙就不需要补德。另外，良师也是“友”，能让我们在人生道路上少做错事，少走弯路，让我们规避很多麻烦，改掉很多缺点。我们的人格魅力、德行、修养提升了，人生才能更幸福、更快乐。第三个目的，是给孩子创造一个良好的学习环境。可是我们现在人愚钝呀，挣钱也是三个目的，完全和过去不一样。

我看到很多吸毒的，很多明星吃摇头丸、吸毒，都是一拨一拨、成群结队地去。我们想一想，这是结交恶友，残害自己。朋友说：“摇头丸吃了美死了，你要不尝尝。”你开始还不尝，后来说：“你吃，那我也吃吧。”同流变成合污了。

我们没有拿钱去结交良师益友，也没有让钱给我们带来幸福。哪像传播传统文化的老师，包括一些宗教人士，拿钱做光盘、书籍，大家来这儿听课，主办方还买书赠送给大家。这就是拿有用之钱造福社会。我们如果拿社会有用之钱残害社会，浪费自己的时间，就首先给家里设计了一个败家子出来。

你今天可以设计自己在这里听一天的课，也可以设计自己逛一天商场，也可以去打麻将，也可以去做很多恶事，这都是我们自己可以掌控的事情，不要怨天，不要尤人。我们倒霉了，就是不怪自己，怨天不好，怨祖坟不好，怨父母不好，怨一大堆，我们哪有资格抱怨啊？你今天享福，或是受罪，以及你周边的环境，都是你自己设计的，与别人没有关系，与天地鬼神没关系，与祖先没关系，与你缺德有关系。我们要明白这个道理。

过去人挣钱的第三个目的是创造环境，望子成龙、望女成凤，青出于蓝而胜于蓝。可是我们现在挣了钱残害孩子呀，真的是这样。

我碰到一个大姐，很有钱，家里资产十几个亿。她跟我说："秦老师，我们没文化，可我们家有的是钱，想让我儿子去哪个好学校都行，想见哪个教授都能见到，怕啥呀。"我说："那不行。"她说："不行？我试试。"她背了三十万，领着儿子，跑到一所名牌大学找了个教授。她说："教授啊，你把我儿子培养成教授就行了，我年年给你三十万，好不好？"教授一想："这三十万呢，这么高，还行，我培养培养。"等这母亲转身刚一走，这儿子说话了："什么教授，我看你就像禽兽。还挣我们家的钱呢，早晚把你给弄死！"

教授一听，这钱没花命没了，赶快背着这个钱跑到女士家里，说："钱给你，你儿子你管好，我管不了。"这个女士说："我们家有的是钱，你不来，我重找一个去。"在母亲的德上就能看到孩子的德，两个都缺德，那没办法。你认为你有钱了，就能这样？

后来，这女士做生意赔钱了，没有办法再承担儿子的花费，儿子就说话了："你看你这没出息的样儿！把你过去的能耐弄哪儿去了？才花几年钱，你就弄得没钱了。"女士说："孩子你忍忍吧，妈真的不行了。""不行了？不行别当我妈！生我就是养我、管我的，让我给你当儿子，不行！我找个女的，独生子女，家里有钱。"

你看——跑了，你说你养了半天，养了一只白眼狼。这白眼狼谁设计的？你设计的，不是别人设计的。你还怪祖先，"你看我对孩子那么好，背三十万就给教授了"。是你把孩子变成禽兽了，人家教授没变成禽兽。你想想这是我们设计的。我们这个钱，要把它变成服务大众、利益家人的钱，千万不要把它变成祸害家人的钱。

我曾遇到富翁的两个孩子争财产，打得头破血流。我们想想，有钱并不能把我们教育好。古人挣钱是为了教育孩子，现在人挣钱却把孩子送进监狱。我们看到，在大学里面是不是有名人的孩子开车撞死人的？你看看，一些所谓的名人、有钱人并没有过上幸福的生活。这叫什么？这叫凶财。有财有德便是福，无德有财便是祸。这个钱没有帮助子孙成家立业，没有帮助子孙比别人高一截、快一步，反而拖了后腿，子孙还败了家业，这就是我们的人生没设计好。

我跟我太太讲，我宁愿我儿子愚痴，也不愿他祸世。他愚痴无非害我家，他一祸世害国家，这个多大的罪！所以我们每一个人都要知道，你不能把孩子培养成对社会、国家有贡献的人，反而把他教育成祸害社会的人，你就是最缺德的人。真的是这样，每一个孩子来到我们这个家庭的时候，都是纯洁的，我们作为父母有义务把孩子培养成对社会有贡献的人。说不定你的儿女就是未来的国家领导人。

人生路上别瞎忙

我们怎么能天天张嘴闭嘴“我忙”“我忙”，你忙着干吗？大家知道怎么写“忙”字吗？竖心旁，一个“亡”字。这叫忙着找死，你还美得不得了。我们在人生的道路上不能拿“忙”字把自己忽悠了。很多人跟我说：“秦老师你讲得也很好，可是我工作忙得很，没时间管我妈，没时间照顾我爸，我只能给他们点儿钱。”我说：“请问你出生的时候，一到三岁，你爸妈也忙得很，你爸妈有没有说过一句话，‘宝贝，爸妈太忙了，你自己给自己夹尿片吧，自己给自己冲奶喝吧’。没说吧？你怎么说‘忙’，就把你父母扔一边了？忘恩负义！”

孝敬父母是补德，夫妻和谐是补德，手足相亲是补德。我们要补德，千万别做这些缺德的事了。我们回想一下，我们每个人出生的时候都是赤裸裸地来到这个世界，身长仅有一尺，体重不到十斤。我们在襁褓中只能哭泣，大小便都没有办法自己料理。这时我们的父母用无限的爱、无限的关怀、无限的照顾，使我们健康，使我们快乐，使我们茁壮成长。我们的未来，父母从言行举止就开始给我们设计。

作为父母，你的孩子没有听话，证明你在设计他人生的过程中已经错了。当你教育孩子比较吃力的时候，告诉你，不需要教育孩子，你把你自己教育好了，孩子自然就好了。教育的“教”字，我给大家讲了，是一个孝敬的“孝”，后面才是文化的“文”。教育孩子只要教孝道和感恩，那这个孩子再坏也坏不到哪里去。一个人要是连父母都不孝顺，他再好也好不到哪里去。

人生设计从我们出生就开始了。我们小的时候，因为父母没有学习圣贤教诲，教给我们的都是一些社会上与利益有关的东西。我们今天非常有缘分，接触了传统文化和圣贤教诲，我们现在每一个人都要把自己变成自己的命运设计师。不光是设计自己的未来，设计父母、孩子的未来，甚至我们要设计百世、千世、万世子孙的未来。我们的孔子是最标准的设计师，他的母亲是圣者，他的家族旺了两千多年。范仲淹、梁启超、曾国藩，他们都是大设计师，他们顺道而行，不光设计了自己，还养了祖宗之德，护佑了子孙。

历史上有很多非常了不得的设计师，也有一帮比较愚钝的设计师。比如秦桧，别人都说，姓孔的找孔子当祖先，但姓秦的人都不愿意让秦桧当祖先。难道他绝后了？没有。只是秦桧自己没有设计好。他的父母有没有亏德？没有亏德。他们积德设计了一个宰相，可是这个宰相德行欠缺。

我们成人以后，这个设计要对自己负起责任。我们小的时候可以怪父母，大了自己对自己要负责任。秦桧他这一设计，姓秦的都不敢去西湖，说：去西湖我们是给他跪，还是他给我们跪。他给我们跪吧，他是祖先。我们给他跪吧，他是千年的罪人。所以我们想一想，人生设计很关键，这都是自己设计的，不是天定的。

每个人出生的时候，都是赤裸裸地来到这个世间。父母有很多的言行举止影响了我们，可是作为我们的天性是永远不会受到任何东西影响的。除非你没有把天性拿出来，你用了心性和习性，所以才会污染到自己。

我经常讲，一个真正孝顺的人是不会把父母的缺点在自己身上重复的，不会张嘴闭嘴："我这脾气大，为什么？遗传我妈的。""我这爱抽烟，遗传我爸的。"胡说八道！哪有遗传？一出生你喝奶，也没见到你喝奶喝到死，你还要吃饭。所以不要胡说，一些习惯我们完全可以改。古人常讲"江山易改，本性难移"，这个本性是难移，不是说不能移。你为什么要找借口？现在的人做什么事都懈怠、懒惰，只有一件事最勤快，昼夜兼程，分秒不停。什么事？从出生到死亡，那真的是积极得不得了，分秒都没有停下来。所以我们要把这种精神拿出来。

我们在人生道路上，跟父母待的时间真的是越来越少。我们上了小学，上了中学，要是住了校，只能周六、周日见一见自己的父母，要是上了大学离家里比较远，可能就是暑寒假才能回家。毕了业以后又去工作，不得已，每年过年才能见一下自己的父母。

我们在人生道路上就只有一个目标——挣钱。可是我们要知道，钱挣来了，能让我们幸福吗？钱挣来了，对子女的教育能产生好处吗？钱挣来了，我们的物质真的能让我们的精神不再空虚吗？答案是否定的。

大老板不如保姆活得好

记得我在北京的时候参加了一次奢侈品论坛，里面一块表三四十万，还有私人游艇、私人飞机，那是一个高端论坛，参会的大老板都特别富裕。我记得主持人介绍我是1981年的，来这里给大家做一个幸福人生讲座。你都不知道，那些老板眼睛都看着天花板。那个天花板还没有咱们素食店的这么漂亮，你看素食店的天花板太漂亮了，太美了，这么清静庄严。可是那里的天花板上面无非几个亮亮的灯，但人家头都朝着天。我还在想：这幸亏脖子后面有骨头，不然头就朝后了。哪像我们在场的这些长者、好朋友都慈眉善目地看着我。

主持人一介绍，1981年，要讲幸福人生，其中一个老板就说话了，“你怎么找一个刚断奶的人给我们讲课”。我妈说我一岁都断奶了，怎么二十多岁才断奶，他这不胡说吗？人家老板要给我一个下马威：“我们都富成这样了，多幸福，还找了一个80后来讲幸福人生。”

离讲课还有一段时间，人家就叫我，说：“你到我家去一趟。”我一想，刚把我说了一通，又让我去他家里，看来还是比较友善，这个人的德行、度量还是不错，那我就跟他去吧。一般人招呼客人，都先进客厅，我这倒好，没有得到那个礼遇，人家把我叫去他们家厕所。我说：“我不上厕所。”他说：“你来看看。”我想你们家厕所再漂亮、再好，是不是也有厕所味，不可能比我们家厨房好。不过没办法，只有跟着走。

到了以后，人家把门一开，说：“这个老师你看，我们家的马桶跟你们家的马桶有什么区别？”我一看：“你们家的马桶黄色，我们家的马桶白色。那黄的也好，白的也好，总是马桶，又不能当锅，又不能当碗。”谁知道人家老板说：“看你个傻帽，我们家的马桶是千足金。我给你讲讲理财经验。你看这马桶边用边升值，变成碎块了，它也是升值，它也是黄金，这就是我们的理财经验。”我一听千足金，我这十辈子也背不回一个马桶来，心里一想，好难过。

谁知道走的过程中，人家又跟我讲：“你看我们家的门把手——白金的，我们家的碗筷——千足银的，我们的家具——红木的。”我一看这个家里太值钱了，我说：“你们家的保姆是不是也是镀金的？”跟人家开一个玩笑。

走到路上我就比较自卑，就在想：我的人生设计就是打工的人，人家就把他设计成富翁。可是他会设计物质，不会设计精神。没事，我把精神设计设计，这精神财富可以穿越时空、遍布世界，不分国界、信仰和名字。可是物质就不一样了，一有战争就完了，碰个败坏子孙就败掉了，一犯法就被国家没收了，洪水一来就冲光了，精神不会受到这种灾难的残害。我开始比较自卑，最后不自卑了，因为每个人都不可能做成世界第一，而我们每一个人绝对是世界的唯一。就是这样的，有什么了不得的，无非一个别墅、一个黄金马桶，有啥？我自己就走了。

去了讲堂以后，我想不行，我要让这些老板高傲的头低下来。他们的头朝天花板时间长了，得颈椎病，还怪我没讲好。再说，我要讲一句话，让他们看一看我。我这人长得也挺帅的，不难看，他们却都不看我。

我说："各位老板，不好意思，你们是我认识的最可怜的人，穷得只剩下钱了。"刚一说完，那些老板的眼睛就全都看过来了，跟反光一样的。之所以这样做，是因为我要给他们设计人生，把他们从物质的这种幸福感里头拉回来。

我说："各位老板，咱们做一个加减法的题。你认为我讲的有道理，你百分之百的幸福就减掉百分之十五；要是你觉得我讲的不对，你认为你很幸福，那百分之百上面再加百分之十。我们做一个游戏吧！"他们说："行，那你讲吧。"我说："老板们，你们的别墅价值多少钱？"刚才提到的那个老板就说："一平米四万多。一千多平米，四五千万。"我说："加上黄金马桶、各种东西，那这个房子也得一个亿吧。"他说："超过一个亿了。"我说："这么多钱呢。请问老板，一个亿的别墅，你在里面住多长时间？"他说："我都是空中飞人了，忙死了，算了算，在家最多住两个月。”我说：“那保姆住多久？”他说：“保姆住十二个月。”我说：“十二减二等于多少？”老板没说话。

我说：“你看你们的千足金马桶是保姆用的，上亿的别墅是保姆住的，你们还要人家好好住，好好待，还要给人家保姆发钱。人家保姆一天在家没事儿，白住、白吃，还拿工资。”

我跟他们讲：“你都不知道，我有一个朋友特别喜欢海，在海边贷款买了栋别墅，特别值钱。这个屋子特别大，打扫卫生不方便，他就找了个保姆。中午两口子都不回家，保姆也懒得做饭，就冲点咖啡，泡点茶，抱着小狗往阳台一坐，在那儿赏海景。邻居看惯了，说：‘怪了，这女士也太有福了，我们都忙死了，放假才能回家，我怎么看见她在那儿遛狗，在那儿喝咖啡、喝茶的。’好奇就问：‘大姐你不上班？你天天在这儿遛狗喝咖啡的。’保姆说：‘我是保姆，老板上班挣钱了，说这个房子还有贷款。我闲着没事，中午反正不用做饭，他们家好吃的很多，我就将就将就。这茶、咖啡都是老板的；这狗也是老板的，我替他遛狗。’

“你看人家保姆多会享受，人家在那儿抱着狗，喝着咖啡，看着海景。他们两口子爱看海景却看不了，晚上才回来。那晚上疯了呀，看什么海景？穿薄了冷，穿厚了好像也不是那么回事儿，只能进屋子。你说人家保姆一天美死了，你们跟他们有什么区别？”老板没说话。

我说：“老板，我再问你个事儿，你们过生日 Party 吗？”

他们说:“过什么生日 Party，都忙死了。”我说:“你们家保姆过生日 Party 了，你信不信？”“不相信。”我说你打电话问问，这一打电话声音放得很大，开扬声，大家都能听见。

一问，保姆说:“老板，我们过生日。这人谁不过生日！我们小时候在农村过生日，我妈还煮两个鸡蛋呢。我在这儿当了保姆以后，我觉得这儿生活环境这么好，更应该过生日了。这小区的老板都出差了，都不在家，这全小区的保姆都知道我过生日，把各自老板家的红酒、什么好吃的全拿来。我们还高兴地说，这叫保姆生日 Party。”老板一听那个脸都铁青了。你看，保姆会设计，保姆是设计师，会活用。

保姆还说了:“老板，千足金马桶我过去都没用过，你这走了，反正闲着，而且我也打扫，我就多去坐坐。”老板说:“那你慢点坐，别给磨损了。”你想想，千足金马桶是保姆坐的，上亿的别墅是保姆住的，所以老板有啥福，就是打工的，还认为自己很幸福，还不肯把高傲的头低下来。谁知道这一说，老板们的脖子开始往下降了，我一看这有效。

我又问第三点，我说:“老板，你们吃鲍鱼、海参都怎么吃？”他们说:“用叉子刀子慢慢吃，挺好吃的。”我说:“你都不知道，别人给你送的鲍鱼、海参，你们家保姆都当土豆丝炒着吃了。”他说:“不可能。”我说:“你打电话问问。”这一打电话，声音放到扬声，保姆说:“怪了，你怎么不停地给我打电话，你看我这个人很实在，你要问什么？”老板问:“咱们家的鲍鱼、海参你怎么吃了？”她说：“老板，你别生气，每次你都忙得很，回到家里就像走亲戚。过年你这一走，十个月都不回来。你走的时候，我说‘老板，这东西不吃就过期了’，你说‘那你就吃吧’，是你同意让我吃的。可是海参、鲍鱼我又不会做，我把它切成丝，谁知道一炒，吃着还挺劲道。”

你看，老板吃鲍鱼、海参都没有保姆吃得这么有魄力、这么大气。人家保姆切一锅丝儿，一炒就吃了，他们还那么温柔！他们没有保姆有福，幸福啥呀。老板也没有说什么，减百分之十、百分之二十。我看也别减了，省得人家揪心，给人家台阶吧。

我们想一想，这活脱脱是保姆的家，老板还要给人家发工资，怕人家过年回家还要加工资，说：“你千万别走，这一走我就没办法了。”

我们想想，在物欲横流的社会中，我们不能满脑子想钱，要把夫妻感情、手足之情、对待父母之情摆在第一位，这是非常重要的事情。可是我们现在很多人不明白，很多人走错了，完全不懂这个道理。

人生的幸福你怎么去设计，这个非常关键。你认为你有钱你会设计，你无非能花点钱把装修搞好点而已，你能设计啥呀？要是碰到一个骗你的，用不好的涂料，你还得白血病呢。所以我们一定要明白这个道理。

我就碰到几个家庭装修完以后孩子就得白血病，因为涂料没用好。你看这有钱了，把孩子给设计死了，你说你挣钱干啥。

所以我们人生的设计真的要从孝敬父母、厚爱手足，对自己的妻子、子女负责任开始。《太上感应篇》上讲："吉人语善、视善、行善，一日有三善，三年天必降之福。凶人语恶、视恶、行恶，一日有三恶，三年天必降之祸。"很简单，很轻松。

我在那个地方讲的时候，其中一个老板问问题，他说："秦老师，你讲讲教育孩子的事情。"我说："不用讲，可以去网上搜一下我讲的内容。你想想你为什么问这个问题。"他说："我儿子 8 岁了，有一天，回到家里跟我们夫妻俩说了一句话，说'你们两口子太残忍了，你们挣的钱我孙子都花不完，你还这么残忍地让我去上什么补习班，让我考试，让我上这班，上那班，我上得比你们都忙'。"

你看我们把孩子害成什么样！每天加班，今天上这，明天上那，一直在做这个事情，把孩子设计得不想上学了，认为爸妈有的是钱，孙子都花不完，还让他考试，反而要跟父母断绝关系。我们就知道人这一生有时候把钱赚来了，把孩子害死了，这个是非常恐怖的事情，我们一定要明白。

陕西一所音乐学院发生的事件不就是吗？那个孩子多聪明，考得那么好。他爸妈不会设计，给他买什么车，你不买车孩子还活着呢，你给孩子设计那命运干吗？到现在为止，他的父母都不认为自己错了。学生的职责是上学，你让他开车撑面子、要面子，这倒好，把你的面子丢尽了。这就是因果。

别被人当傻瓜骗

你看，很明显的例子。所以我们的人生完全可以设计。你可以设计子女，可以设计父母，也可以设计你的人生，看你怎么做了。我们不要迷信，不要神秘化。我遇到好多有信仰的人简直就是不正常。这哪里是信仰？一听说“活佛”来了，他就跑过去，说“活佛”一摸，病就没了，赶快口袋钱都掏出来，给他爸妈都舍不得，给人家这“活佛”就掏一大堆。我就被人忽悠去了一次，我不是想去，我是想看看人家真的假的，哪有这么神奇的事，我不相信。要我说，很多骗人大师一见我，都吓得出汗，因为他骗人。

我就去见人家说的一个活佛。我这个人没见过活佛，第一次见。人家一见，都磕头去了。谁知道我这腰板挺着，磕不下去。我说：“我给我爸妈磕了，你们给你爸妈磕不磕？”“没磕。”你看这是悖理悖德。不孝其亲恭敬他人者，视为悖理；不敬其亲而敬他人者，视为悖德。我这儿不悖理悖德，我这儿不能做，不能盲从、盲信。

谁知道人家底下还有秘书，说："活佛说了，活佛身体不好，替大家代病，大家只要给活佛一捐钱，全部把灾难消掉了。"我一看这人们恨不得把口袋全翻出来，这儿摸摸那儿摸摸。有人更可怕，说："活佛，我拿钱少了，你这儿能不能刷卡？"我问他："你妈在哪儿？"他说："在农村。""给你妈买房了吗？""没买。""家里老房子盖了？""没盖。""什么样子？""土房。""为啥？""我爸妈说土房好。"你看，这人叫悖理悖德。

我一想，这么多人都掏钱呢，我这人没钱，可这儿不掏又不好，那大家跟我一样都别掏了。我就问秘书一句话："你说活佛替我们代病，我现在腰痛呢，你让活佛带走，让我别腰痛了。"他没说话。

更可笑的是，最近我还碰到一个例子。一个人听说一个"活佛"能换天换日，乌云都能变成出太阳，跟我说："秦老师，人家刚说完我还挺佩服，后来又说活佛缺钱，需要一百万。"我说："需要一百万，没事，你给他一百万。""我没那么多钱，可是人家说了活佛很厉害、很神奇。"我说："你让他把全球饥饿的人变得不再受饿，把世界上的核武器全部消灭，你看这世界就和平了。哪个国家来欺负中国，你让活佛使个法，让它乖乖的，你不就成就了？给他一百万？让政府奖励他十个亿都行，多好！都骗你这傻瓜，还一百万！一万也别给他，那是胡吹呢。"所以我们不要迷信。信佛的人你要听佛讲，信上帝的人听上帝讲，信啥的你要听啥讲，别听人乱讲。

我们都知道佛教讲了很多故事。我看《释迦牟尼佛传》里讲，目犍连有神通都被石头打死了。我们想一想，神通大不过业力，佛陀的弟子专门来表法。释迦族遭灭顶之灾的时候，佛都没有办法，目犍连用神通藏了五百个释迦族人放在他的钵里。等灾难过了，他跟佛陀讲，他用神通救了释迦族五百人。结果打开钵一看，都成了血水了。为什么？神通大不过业力。追求那个干吗，现在的人简直就疯了，一听啥来了，恨不得把自己的命都给人家。

你要知道，世上没有任何神、佛、鬼能保佑你，也没有任何神、佛、鬼能害你，只有我们自己残害自己、自己保佑自己，人生是你自己设计的。你做得好，他不保佑你没办法，他过意不去。就像你给政府、国家做的贡献大，国家给你弄个全国政协委员、人大代表，给你来个奖励，发个奖牌。你在学校里面是“三好学生”，学校给你颁发“三好学生”奖状。你看你做得好，不用求就发给你，哪用你着急。你要做得坏你也别藏，你藏起来，公安局、派出所就把你抓进去。这与神鬼没关系，与我们的行为有关系。

所以人生道路上你怎么样去做这类事情？你怎么设计？为什么好多人生病？你为什么得癌症？你为什么运气不好？你为什么遇到很多灾难、很多祸患？都是缺德事干尽了，你心不善良。你嘴上念佛，心里天天想着害人，你还想着要占佛的便宜，你想想你能好？你好不了！

所以人不明理，信啥死在啥上头，真的是这样。你要是明理，融会贯通，那么事事都好，没有烦恼。当我们在做任何事情、学任何东西的时候，我们感觉身心疲惫，一定是方法错了，赶快制止；我们觉得心情很累、很烦的时候，告诉你，计较太多了，这是我们有问题了。

补德净心，五福临门

人生设计从孝道开始，在物欲横流的社会中，我们让钱排第二，亲情排第一，这就是我们的天性使然，这样我们就会在天堂生活。在社会上，我们会遇到善的例子，也会遇到恶的例子。善的例子来了，鼓励我们努力向前学习。坏的例子来了，考验我们，试试我们能不能经受得了打击。就这么简单。

你在大连随地乱扔，这大连是所有大连人的脸，尤其时代广场那真的是标志性的地方，你要给那儿扔一个，完了，你几代人的脸都被你丢那儿去了。你要被外国人看见，中国13亿人的脸都被你丢了，你都不知道你的罪多大。别人问“什么叫大善，什么叫大恶”，我就讲了，“拣垃圾叫大善，扔垃圾叫大恶”，就这么简单。你认为你捐了几个亿就是大善，那不见得。大善大恶在于我们言行举止的影响，你要设计好。

秦老师讲得玄不玄？不玄，有理可依，有方法可做，就在生活的点点滴滴中。就像我中午给大家讲的，男人“三刚”、女人“三柔”以后就会得五福。你们不知道，男士娶太太的时候不是娶老婆，那是娶神，你还认为是娶人。这女人来了会生孩子，给你们家光宗耀祖、传后代。你看你娶人家的时候是怎么娶的。我今天早上在那儿还碰见结婚的，那个车的名字我都叫不上来，房车那么长，大红喜字一贴，六亲眷属红包一封，这叫接喜神进家门。人家这一辈子在她们家二十多年，这下来后半生交代给你家了，你对人家要如神一样尊敬，这叫娶神。

这女人在家里能帮助丈夫，又能孝敬公婆，这叫福神临门。一说这男人有福，都说娶那太太贤惠。这男人挣了钱以后干吗？赶快把工资交给太太保管，这叫财神进家。你别挣点钱，净交给情人，不交给太太，这不麻烦了？你交给太太，女人拿着这个钱能理财，知道多少养父母，多少自己花，知道怎么样经营家庭。

成功的男人后面都有个成功的女人，这女人能助夫成德，不累夫成罪，这叫贵人。所以女人是男人一辈子的贵人，不离不弃的贵人。这两口子关系一好，爸妈就高兴，岳父岳母都高兴，所谓“人逢喜事精神爽”。这岳父岳母会说，“你看我女儿多有福，嫁那么好一个丈夫，我们省心”。那男人要是遇到这么好的媳妇，公公婆婆也会说，“我儿子多有福，娶那么好的老婆”。这老人长寿，老人不得病，是子女孝敬；老人短寿，老人生病，是子女有亏。我们要明白这个道理。

喜、福、财、贵、寿，这叫五福。所以你别求财神。求谁？男人求老婆、女人求老公就好。男人做好“三刚”，福禄寿就全了；女人做好“三柔”，喜、福、财、贵、寿就有了，这叫五福临门。现在人不明白，天天在外面胡折腾，这样就不好。

心量大才能福大

所以我们在人生道路上要设计。怎么设计，这个是非常关键，也非常重要的。你今天听到了，赶快要归纳。有人说，“我做生意运气不好”。运气不好是度量太小，你量小，不足以容福，所以生意就不好。量大福大，屋宽不如心宽，你这个心宽装宇宙，你屋子再大都有限制。所以人量大就能做很多事情。

我这几年改变命运，相貌变了，寿命长了，第一胎就生了个儿子，甚至在人生道路上还遇到很多很稀奇的事情。记得那一年西安的一个朋友来我家里看我，跟我聊天，我就跟他讲：“今年计划还资助五百位特困学生。”因为我们每一年都要资助四五百位特困学生，包括孤儿在内，要做很多慈善。他说：“五百位要花不少钱，这钱从哪儿来，有钱吗？”我说：“没钱。钱从哪儿来，我也不知道。”他说：“那你怎么敢说这话？”我说：“这就是发愿呢，人依愿而行，依愿而做，你要首先有这种心量，然后才有这种机会。”

我们中午吃完饭，他还没走，这天下午就来了一个朋友。

我们聊了几句，他走的时候跟我说："秦老师，我今天给你点儿钱，你拿去资助特困学生吧。"他一说，把我那个朋友吓一跳，说："你这早上说的，下午就有人来给你送钱来。"我说："是啊，因为我不为名，不为利。你在做生意的时候，名利心太重，就会投机取巧，害人害己，而且赚不到钱。"

就像我的一个朋友卖药一样。第一次他开了一个药店，生意不太好，就问我怎么办。我说："你要有'宁愿药架起尘，不愿天下人生病'的心念。"他说"好"，就天天抱着这个念头。奇怪得很，那药店迅速开了十几家，生意火爆，而他每次都把药价定得很低。

过了两年我去见他，我说："你不要卖假药，卖假药你会得糖尿病。"他说："我没卖假药。"可是才过了一个月他就得了糖尿病。他就给我打电话："我真得糖尿病了。"我说："你怎么向人卖药的？我开始跟你讲，宁愿药架起尘，不愿天下人得病。你现在怎么想的？"他说："我现在天天进很多货，我要多卖点儿，就想这旺季赶快来，这人怎么都不得病？"你看这个心一变，钱没有了，反而自己得了病。

最后他跟我讲："本身挂吊瓶一瓶就能给人治好，我就给他把药效分散，弄三瓶、四瓶给他挂，显得药多，收钱还少。"我说："你这不是害人吗？那病人要是你爸你妈，你也这样去做吗？"他说："不。"我说："怪不得你得糖尿病，让你终生吃药，让你也感受一下吃药的痛苦。"

这是一个卖药的人的这种设计。他开始照我说的话，宁愿药架起尘，不愿天下人得病，谁知道这生意一多，钱一多，就不满足了。进的货多了，怎么办？宁愿天下人都生病，全都买他们家药，都成这样了。这度量达不到的时候，不能装福，这生意就不好。而他那儿紧跟着就出了一个医疗事故，又死了一个小孩，一赔几十万，后来家里又出了很多事情。

我问他："怎么办？"他说："我给敬老院的孤寡老人免费看病。"我说："好。""我给孤儿捐钱。"我说："好。""我经常给敬老院捐粮食，给孤儿院捐大米。"我说："好事情，赶快做，把你亏人的那些黑心钱全拿出来捐了，你就好了。"他做了之后，这血糖真稳定了，而且50岁的人了，去年还生了个孩子。

你看，良心有了，天降福，你这亏心了就有问题。人这一生要以纯善、纯净的心念来设计我们的人生，设计我们的幸福，这才是我们真正的人生道路。

下一堂课我要给大家讲的就是方式。这一堂课讲了很多案例，就是为了向大家证明一点：我们今天受罪、享福、生病与否，全部都是我们自己决定的，与什么神、佛，什么坟地、住宅，没有丝毫关系，我们只要把德补起来，诸事就好了。

好，这一堂课就讲到这里，谢谢大家！

第四讲：幸福人生的自我修炼

听到这个掌声，我感觉到各位好朋友你们今天这个课听进去了。实际当你在给别人鼓掌的时候，就是在设计你自己的人生。在你鼓掌的这个过程中，五个手指分别代表五行，也代表阴阳。我们都知道单数为阳，双数为阴。你看我们大拇指是阳，这四个指头是阴。可是阴中有阳，阳中有阴，你看我们这个大拇指是两个节，剩下指头都是三个节。当你用喜悦心给别人鼓掌的时候，这是一种布施，瞬息间你这个运就好了。

刚才我一看这么多人站着，在站着鼓掌的过程中，可以说你今天这个课，不光领会了“心胸开朗”，你也懂得给别人布施了。在鼓掌的瞬间，你的心情要是比较愉悦的话，那你身上不好的气场就排出去了。这叫什么？增阳排阴。我们身体任何地方都具备阴阳，你看嘴巴一个，代表阳，两个嘴唇还是阴，鼻子是一个，它是阳，可是鼻孔有两个，它是阴，阴阳都有。实际我们身体就是一个小宇宙，随时随地阴阳都是具备的。

人生幸福与否全看存心

同样是这一双手，你可以帮人，也可以害人，甚至可以杀人，这个设计在你自己。设计人生是非常轻松的事情，我刚才第三堂课给大家讲的很多案例就是一个证明，证明这种效果。当我们诸事不顺，当我们遇到疾病、遇到很多不如意的时候，我们千万不要往外怨，你越怨越愁，这叫阴上加阴。我们那个时候该怎么办？反省，认错，忏悔。用这个方法，我们就要想一想，我们在自己的人生道路上有多少事情做错了。那既然已经明白了，就要立即去改。我们这个身体，我们的这种表情，随时可以设计。

当我们每一个人在设计自己人生的时候，好多人都迷信所谓的命运、所谓的八字。说心里话，我不信。为什么？孔老夫子的坟地好不好？不好，他坟墓都被盗、被挖了。可是孔子的家族旺到现在，至今没受坟地影响，这是个实证。历朝帝王的坟好不好？秦始皇的好不好？唐王李世民的坟好不好？乾隆皇帝的坟好不好？他的家族还在吗？他的王朝还在吗？没了。所以我们要明白现实的很多事情不是我们想象的那样，这是历史考证下来的。

你看皇帝把好坟地占完了，也没能让他的王朝长存，反而我们中国历史上最长的一个朝代——周朝，却八百年不衰。为什么？我们就看文王的设计、他家族的设计。我看到一个小典故，讲文王在修城池的时候，不小心挖到故去的人的坟墓，里面光剩尸骨了。文王看到以后特别恐慌和紧张，赶快把尸骨捡在一起，摆上香案，供香，礼敬，还念念有词地说："我这有罪，你看为修城池，打扰您的安居之所，请您不要见怪，我给您重选一个好的地方安葬。"

这个举动，所有百姓都看到了，说文王对故去的人都如此尊敬，那对我们活着的人不知道要好成什么样。就这个小小的行为，给他设计了八百年的江山。再加上文王"礼贤下士"，作为一国之王，他能访贤士，拉着姜子牙请他辅佐朝政，还给他穿鞋。你看一个国王能这样设计他的人生。

我们再看古时候的刘备如何设计人生。我一直在讲，刘备太厉害了，一个皇亲国戚，他跟关云长、张飞结拜，害得这两位英雄豁出命来保他的江山，这是刘备自己设计的。我们这一生可以设计父子、母子关系，可以设计夫妻关系，也可以设计君臣、朋友关系。刘备设计得很好，你看他这一设计，这两个也出名了，也保他了，才出现"桃园三结义"，这个真的是流传千古，他就这样给自己设计了一生。

我们再看一下刘备的第二个设计——三顾茅庐去请诸葛亮。那个时期像诸葛亮一样的人太多了，可是像刘备这样能放下自己皇亲国戚身份，三次去请一个无名的智者，就刘备一个。所以诸葛亮是刘备成就的。而诸葛亮也真正做到了尽职尽责，做到了鞠躬尽瘁死而后已，这就是人生设计。刘备很有智慧，他能如此设计他的人生。

实际我们也是如此，你怎么样设计你的人生，怎么样和你的朋友，和你的父母、妻子相处，全部都是由你自己掌控的，完全没有外在的一种力量。什么八字、名字能对我们产生影响，这个是胡说！比如说名字。什么叫名字？名字是代号，同名同姓的人太多了。为什么人家当官，你就是农民？为什么人家是工人，健健康康的，你就去生病？有的人和你一样的名字，你还活着呢，人家都死了，你怎么能迷信这个名字呢？

很多人就怪名字不好，包括同年同月同日同时生的八字，你信它干什么。八字有没有？有，就是“1+1=2”，跟公式一样。你能不能信它们？告诉你，不能信！就像我们看到《了凡四训》，遇到孔先生，这是邵康节先生的传人。你看邵康节先生的这个典故，他的老师给他真传的时候，他们没直接见过。他老师写了一封信，把信装在枕头里面。谁知道晚上老鼠不停地咬，邵康节觉得太烦了，就拿着枕头扔过去，结果枕头摔碎了，从里面倒出来一本书、一封信。

信上写的，某年某月某日，有姓邵的，因老鼠咬家，抓枕头摔过去的，就是我的传人。你看人家年月日都测出来，包括谁是他学生都能测出来了，“拿枕头摔老鼠”都知道，你看人家测算得多神奇！

你看《了凡四训》里面，最后孔先生也测算，认为了凡先生是他的传人。过去人把这个东西当成学问，就是找传人，现在人用这么高端的东西敛财骗钱。那个是通于神明的，可是了凡先生把它也给改了，因而命运不受约束。

很多人迷信八字、名字，这些都是胡扯。我是名字不好、八字不好，没有一样好的，可是我现在啥都好，不受约束。名字、八字，说心里话，你说中国十二点，美国是几点？日本是几点？中国的农历、阳历跟国外不是一天，所以我们不要迷信。一说“我这命不好，八字不好，就该这样”，自欺欺人！我们千万不要去迷信这个东西。这个是不能信的。

人要是真正有仁德之心，就有好的遭遇。我每次给人看，说一个例子、两个例子他就可以结合到。他说：“有那么巧？”我说：“不是巧，孝顺之人，必有奇遇，这是真的。”

我们这个言行举止全部在于存心，包括相由心生都是。讲到这个地方，我想到如果我们用孝道之心，坟地不用看，处处是好地。你要是用亏孝的方式，就像我在北京碰见一个老板，一千万给他爸买个坟地，说：“这坟地好，一千万，买了，我爸就保佑我了。”我说：“我要是你爸，就要把你掐死。”活着都不孝顺，死了当鬼保佑你，那不胡说八道吗？我就给他送了四句话，我说：“富者千屋金，穷者一顿饱。前者烦万千，后者到处跑。”我说：“你看我到处跑，一顿饭就饱了，你这千屋金，烦万千，你还没我有福呢，可怜！”我们人都不懂得这个道理。

相由心生，改变心念玩转命运

我们的相貌是呈现个人内心的一面镜子。一本书上讲了一个故事，说一个老员外，很仁慈，收养了一个孤儿，养到18岁，预备给那个孤儿盖座房，娶个媳妇，成家立业。养这么大了，也是有感情的。可是有一天，当地来了一个非常出名的面相大师。这个面相大师到员外家，受到了热情款待。

这大师一看这小伙子，吓了一跳，就把员外叫到房间里，跟员外讲："这个小伙子要败你的家，你要注意，要不就让他走吧。"这员外讲："这是我的养子，怎么能让他走？""他真的要败你家，你要注意！"这员外一想：这老先生在当地很有影响，他说的话也不能不听。于是就跟小伙子讲："你都18岁了，已经成人了，你要不就离开我，自己去创业吧。你看我也慢慢上年龄了，管不了你了。"小伙子就讲："员外，我在这儿都这么多年了，您都老了，我才正好照顾您呢，您怎么能让我走？"

员外实在没办法，就跟年轻人讲："你别怪我，刚才那个大师他看完你的面相，说你要败我的家呢，所以我想了想，还是要信他的话，你还是走了吧。”小伙子一听就吓了一跳，他心想：怪了，这看相的人怎么能看得这么准！因为当时他确实起了个念头：“这个员外上了年纪了，员外家有多少钱，什么财产、账目，我都知道。我都这么大了，给他干了这么多年的活，他也不说给我娶媳妇盖房子，还让我这么辛苦。我准备趁他不注意，把他值钱的东西、全部账目一卷而走。这个大师怎么一来就看出来了？”他觉得怎么这么可怕。

他也没有在员外家里逗留。你看人还是有良心的，还没有作恶的时候，他就边走边想：要不是员外，我都死了，他把我养到 18 岁成人，我怎么忘恩负义，还起念去害员外呢？幸亏人家大师一看，知道我起恶念了，要不然我就铸成大错了。

你看，人这个心念一设计，瞬息间，运就来了。他走到一个破庙，想到没地方去，还是到破庙里面待一会儿。进去一看，一个崭新的黄袋子放在那儿，里面装着半袋子的东西。他不知道是什么，跑去撑开一看——黄金。这么多钱！要是开始的话，他该贪财了，可这个时候，他没有。他想：这丢钱的，不知道会着急成什么样，行了，我在这儿守着，等他来了给他。

正在这儿等的时候，来了两个将军，骑着马，进庙一看，钱在这儿。一看军饷找到了，两人说：“小伙子，给你点儿钱，感谢你！这是给军人发的军饷，我们管理人疏忽了，在这儿休息完，丢这儿就走了。”小伙子说：“军饷我哪里敢要，你们快拿走吧，我不要。”

这两个军人商量：部队刚好缺一个财会——管钱的，这世上还有不贪财的人，捡了钱都不跑，现在有这人，正好问问他。于是说：“小伙子，你要干吗去？”“我没有地方去。”“你要不跟我们去部队，正好给我们管钱。”小伙子就去部队了。

你看这个善念一起，命运就转变，一转变以后，他在部队当了一个文职将军。慢慢地，他就想起老员外，心想：我要报答他，我当时起了恶心，谁知道这个大师把我救了，可是我想不出这大师怎么知道这事情呢。于是他打扮得特别穷酸，弄一个破车，就去看员外了。员外也老得不行了，胡子都白了，一看见他也很激动，毕竟养了那么多年有感情。员外说：“你怎么又回来了？最近这几年在外面怎么样？”他说：“员外，我不行啊，在外面做点儿事情还赔钱了。我一想不管怎么样，你对我有恩，就来看看你。”员外很高兴，就让他到家里了。

在家里待的时候，这个小伙子就说话了：“上一次来咱们家里给我看相的那个大师还在不在？”员外说：“还在，只是年龄大了，不太出门，跟咱们家是世交，经常来。我还埋怨他呢，我说你看我养个儿子这么好，你这一说让我把人撵了，人家真走了。”小伙子开始没说话，后来就说：“你能不能把那个大师叫来，我再跟他聊聊。”这员外就托人把大师叫来。

大师看完以后，这伙子就问：“大师，你看看我的面相，我这个生意不好，怎么办？”大师看完以后，说了一句话：“你别胡说了，你要在武的话，就是将军；在文的话，就是三品官员。你怎么胡说八道，说自己穷困潦倒呢？你看你的相——贵相、福相。”

这小伙子就想不通，说：“前几年你还说我是害人之相、败家之相，怎么就变成贵相、福相了？”这个卦师就讲了：“相是由心生的，我当时看你有那种现象，那可能是你心里起恶了。”这人就说：“大师，我告诉你，我那个时候真就起恶心了。”说完，他就给员外跪下了，就讲他当时的经过。他说：“没想到这人的心一变，相貌立即就变。”

你是什么样的相，与你的起心动念有关系。就像我给大家讲的“米”字型。第一堂课讲了，天性是竖下来的，夫妻关系是横的，这是人的一个框架、十字架。一个是孝道，这是根。一个是夫妻道，因为夫妻道是五伦里头最重要的。有了夫妻才有母子，才有父子，才有兄弟姊妹。

现在我给大家讲的呢，是“米”字型中的两个叉，就是行为，最后归纳就是心，因为相由心生。我们的心起了念头，就会让我们享福或者是受罪，瞬息间相貌就能变，就看你自己能不能真正明白和反省。你只要是善心，谁都害不了你。

还有一个例子。讲一个非常会算卦、看坟地的大师，步行了几十里路，口渴了，天又很热，看到山里有户人家就敲门。敲门以后，这一家人特别有意思，一看这个人热成这样，要喝水，就给他端水，并且捏了一把麸子撒在了水里面。这大师一看，怎么给我端碗水来还撒上麸子？不喝吧，又太渴了，没办法，就边吹麸子边往嘴里喝水。喝完，他就坐那儿休息。

这倒水的女士问他是干什么的，大师说："我看坟地。"这女士便说："正好我们有个土坟，你给我们看一看，我们要选坟地。"这大师本身心里生气着呢："我要你一碗水，你还给我撒点麸子在上面，让我喝得这么着急。正好我给你看一个绝后坟，害一害你。"大师起了这个念，就给人家看了一个绝户坟。

可谁知这家坟埋到那儿以后却出现了奇迹，孩子里出了两个状元，家里简直兴旺得不得了。这一家人就认为这个大师给看的坟地好，说我们住这个山区好，不搬家。他们还派家里的人去请大师，以表感谢，说："这几年你给我们看了坟地，我们家发财了。"大师来的时候吓了一跳：我明明看了，没出错，这家应该是断子绝孙，全死光了，怎么会这么兴旺，还考上状元了。于是便说："那你领我去你们家坟地再看看。"

大师看完坟地吓了一跳。他看的绝户坟，整个底下是个悬崖，后代子孙等于直接跳悬崖，整个形势就会出现这个运气。谁知道下雨太多了，泥石流从侧面的山坡滑下来，整个泥石流在这个坟前面围成了一个圆形的带，就像我们过去当官的围了一个玉带一样，这个就注定家里要出当官的。他说：怪了，我要把人家害了，天下雨把人家帮了，过去叫绝户坟，现在叫玉带坟了，怎么能成这样？

这个大师就一直在想，我这么多年从来没有出过错，一直就这么神奇，怎么到她这儿就失灵了呢？他就问过去给他端水的这个女士，说：“这个妇人，你记不记得我当时在你们家要水的时候，你给水里撒上麸子，这是为什么啊？”这个妇人说了一句话：“你不知道，我们家族学过养生，人走得太急了，太热了，要是喝开水，太烫，伤身体，喝不进去还着急，要是喝凉水，喝得太快也会伤身体。我这一想，不能让你喝完水把身体弄坏了，看你热得头上面都是汗，又特别渴，用什么办法呢？就在上面撒点麸子。你这边喝边吹，就会喝得慢，就不至于把身体伤害了。”听了这话，这个大师猛然想到：上等环境在人心，真的是这样。

我们就想一想，你何必指望什么大师？你要真是纯善，天自帮你，还需要什么坟地。我们大家在这上面不要去迷信。我一直在讲，夫妻和谐能变环境，孝敬父母能改命运，手足相亲它就可以招人脉。我给大家讲了很多故事和例子，就是要说明，人心为善，什么都是好的。

我在广东还碰到一个例子。一个大老板很有钱，看人家庙里环境好，就找有关部门把庙的住持撤职了，把庙拆了，把人家和尚都撵走了。谁知道这和尚走了，庙还没拆呢，他就被双规了。别人跟我讲：“这里环境那么好，那人怎么能被双规了？”我说：“你想想，这人都欺天，他的祖先要埋在这个地方，子孙兴旺，这叫天理不容，这是夺来的地方啊。他要是发财，叫地理不容，这是缺德占来的。”好环境要配好人。上等人生在我们自己身上，改变命运在自身。

幸福人生要“三笑”，不要“三忙”

改变命运用什么方法？我从开始讲到这个地方，每一个案例，每一个话题，都给大家透露了很多方式，就看你能不能感觉到。第一个，天性，用天性做事绝对不会违法乱纪、悖理悖德，那你永远是好人缘。你即使用心性做事，那你心也有善，你心性常思人恩德，想人好处，把禀性、恶念降服住，那你就会招光，你这样也会得到非常好的环境。那行为也是，我们可以用来吃喝嫖赌抽，也可以捡垃圾，还可以用行为帮助可怜的人。我们只需要转一下方式而已，不需要花钱，就这么简单，过去为恶，现在为善。

最好的改变命运的方式，哪怕你今天把这个课从头到尾听完都不明白，只要记得一个字——“笑”，就好了。微笑，是所有动物不会而人会的功能。人一笑就是元宝相，招财、招贵，你命运就变了，就这么快。你只要今天回去会笑了，就把元宝带回家了，把长寿带回家了，把福、禄、寿、喜带回家了。记住这一个字就行了。

那下来落实用什么方法？效仿谁？效仿孔子，效仿孟子，效仿一切古圣先贤、祖师大德，效仿他们，看他们怎么做。微笑不能常保持，你常保持，笑得皮肤就僵硬了，脸就没表情了。哪能老笑？因为你那个笑不是发自内心的，这一笑皮肤就僵硬，就会不自在。要想使微笑长存，我们就要效仿圣贤的乐，也就是所有圣贤经典上面讲到的法喜，也叫作喜乐，是发自内心的喜乐，与你中多少万的奖没有关系，与你发财没有关系，与你当官也没有关系。

他这个内心的喜悦，不会因为物质的改变而改变，也不会因为遇到大的灾难而改变，这种乐是真实的。顺势来了，是鼓励他前进的；逆势来了，是考验他有没有耐性适应这个复杂的社会环境。他在顺境逆境中都能提升自己的能力、德性和修为。明白了这个道理，我们只需要转变心性就行了，又快，又简单，又方便。所以第二个，“效”，你也可以把它抓住。

效仿，从什么地方落实呢？这就引出第三个，孝顺父母的“孝”，这是根。真正效仿先从自己父母跟前做起，先去爱父母、爱家人，逐渐把博爱慈悲体现出来，这是回归。你今天听了这个课，就是“三笑”人生。你不听这个课，你不落实，就是“三忙”人生。

第一个忙是什么忙？竖心旁一个“亡”，忙着找死。一打电话：“干啥，我忙死了！”你忙死了，你不死谁死？现在人一说就是“我忙死了”，还认为自己美呢，给自己设计成一个忙死的人，那你就要死了。

第二个盲是什么？盲人的盲。你到中年的时候穷得只剩下钱了，你可能是企业的佼佼者，可能是老板，可能是领导，你可能在社会上有很大的影响，可是你对教育孩子、孝敬父母、家庭矛盾等种种的烦恼却没有办法。你不知道那是自己设计的。外在的是我们表演的，是假的。你看在家里跟老婆刚生完气，出门见朋友还哈哈笑，又喝酒，又吃肉。这是假的，不是真实的。你在外面的表现全部是演戏，为了掩饰自己的缺点，为了掩饰自己的过失，为了掩饰自己所犯的错误，都是假的。

有人跟我说，我对别人都好，就是对我的家人不好。你对别人好，你意有所图；你对家人不好，这叫原形毕露，你美什么。你在家里是真实的，你在外面是假的。我们要明白。我们要表里如一，要是不能做到表里如一，那就是纸里包火，自欺欺人，这是我们不该犯的过失。当你挣了一大堆钱的时候，你看见爸妈老了，生病了，甚至去世了，孩子大了，教育不了了，妻子搞婚外恋跑了，这时你就盲目了，拿着一大堆钱，穷得光剩下钱了。

等你再慢慢地上了年纪以后，你的子女会夺你的钱。现在很多 80 后、90 后啃老、叛逆、不孝，这种现象已经全部出来了。你挣那么多钱就是被啃的，谁让你把孩子设计成软弱无能的废品一个？他不花你的钱，不啃你，啃谁？还让他啃社会去、啃国家去？不可能！他这样全是你害的，你非要把他设计成废品，有什么办法。

到那个时候，孩子会想一个办法，把你送进五星级敬老院。什么王总、李总，什么局长、领导，让你在敬老院里头都变成三十三号、五十五号、六十六号、九十九号。让你在里面干什么？坐吃等死。

所以第三个茫是什么茫？草字头，三点水，一个“亡”字。这叫什么？一辈子草包，光会挣钱，那三点水代表的是财，找死。是你找死的，你跑里面去，不是坐吃等死吗？人家就说“五十五号今天火化呢”“三十三号瘫痪了”“九十九号抢救呢”，你在里面天天听，挨训，你说你是不是找死呢。

所以你要笑着生活、效仿圣贤、孝敬父母。要“三笑”，不要“三忙”。我去五星级敬老院参观过，有个护工就告诉我：“你看见我们这里的植物人了吗？”我说：“看见了。”护工说：“他儿女一来就说：‘你千万别让我爸断气，好好管着。’”我说：“那他儿女挺孝顺。”“孝顺？人家跟我们护工讲了：‘我爸只要有口气在，国家就给发工资，还有奖金，还报销保姆费用。他只要有口气在，我们几个就可以分钱。他要死了，我们就没钱了，这就是我们的摇钱树。你不管怎么样，给他把氧气充了，让他有点儿气就行。’”你看看把父亲都当成摇钱树了。我们想想，这叫自己把自己设计成植物人了，这老天爷慈悲，不然的话，他不变成植物人，也会痛苦死了，孩子把他当摇钱树，你说是不是？

我们一定要明白，从因上下手，不要苦果来了，才明白，才痛苦。今天这个课非常关键，虽说只有一天，那也能改变命运，改变你的整个家族。

我们要把自己的人生设计成欢乐的一生，而不是痛苦的一生。我们要做成“三笑”人生，不要做成“三忙”人生。你回家要设计子女。也许现在你的孩子已经大了，没关系，你也可以设计，先设计自己感动他，就这么简单。现在的人，儿女不孝顺都是自己设计的。我遇到很多人买什么好吃的东西，都先把儿子叫起来，“儿子快吃”。儿子说“为什么”，他说“你爷爷奶奶好不容易睡着了，你快吃”。你看，不孝子孙、忤逆子孙，都是父母设计的。

在家里吃饭也是如此，你不给你爸爸妈妈先夹菜，反倒给你儿女先夹菜。两个老人一看，儿子、媳妇对孙子这么好，本来两人想吃，都不敢吃了，怕媳妇、儿子生气，赶快也给孙子夹。你看，孩子就这样变成皇帝，父母是大臣，爷爷奶奶是用人。这叫颠倒，这叫不护根。你要是过去不给父母夹，现在改变方式，给父母夹菜就行了，你就设计好了，很简单，没有那么多的麻烦。给父母一个笑脸，给手足一个笑脸，给家人一个笑脸，给社会带来一点笑脸，多好。

我们现在把最简单的微笑都浪费了，改变命运有很多方式，第一就是微笑。即使现在，你说秦老师我很穷，都贷款，都负债了，告诉你，没关系，改变命运不用花钱。从哪里开始？第一，微笑。给所有人微笑，包括乞丐。

嘴巴常说柔软语

改变我们的命运，第二个靠的就是嘴巴。话到嘴边留三寸，话不可说尽，我们要明白这个道理。嘴巴好说也是说，坏说也是说，我们为什么不好说，非要坏说呢？嘴巴可以化解矛盾，能把小的事情变成没有的事情；可以兴邦，也可以亡国。古人对这个嘴巴很谨慎。在佛教里面，嘴容易犯四种过错：妄言、绮语、恶口、两舌。同样是这个嘴巴，我们该怎么样去说话呢？

我就看到一个例子。在火车站，一个检票员看见一个大姐带着孩子，孩子有点超高，检票员就说："你逃票，你看你孩子超高了，你都不买票，没素质！"这位旅客一听："逃什么票？我们家孩子的鞋跟高，脱了再量！"检票员跟旅客，一个显得没素质，一个显得没修养。谁知道孩子鞋一脱，还真是鞋跟高，不需要补票。这旅客就生气了，得理不饶人，抓住检票员："你赔偿经济损失，损害我的名誉，把你们领导叫出来道歉！"后来车站办公室主任、副站长出来道歉还不行，站长出来给人家道歉，才平息了事。

你看这员工是不是“废品”？一件小事弄成这么大的事情。人家逃没逃票，你说话温柔点，无非要钱，又不是要命，让你干工作的，又不是让你豁出来跟人家吵架的，弄得铁路工人的形象竟在一个人的身上毁掉了。自己还很委屈，“我尽职尽责”。你这哪是尽职尽责？你就是自己找气，给单位抹黑，还认为自己尽职尽责。这是自己设计的。

换了一个火车站我看就不一样，人家那个检票员的脸笑得像元宝，一看就是招财脸，一看就招福。一个女士也领一个孩子，这检票员就笑着说：“祝贺你，祝贺你。”那个女士说：“你认识我？”检票员回了一个笑脸，说：“我不认识。”“那你祝贺我干什么？”“祝贺你，你孩子又长高了，需要补半票。”人家这么一说，同样的事情很简单地就化解了，还增加了收入。旅客显得有涵养，这个检票员有素质、有方法。你看这个旅客说：“对不起，这一上火车，着急地领着孩子光上车了，都没注意给孩子补票，我马上补去。”你看事情解决掉了。什么叫顺风顺水？顺风，妻子要顺丈夫，助夫成德；顺水，丈夫要爱护妻子。你如果只是在你们家里这儿摆个这个，那儿摆个那个，没有什么实际作用。

很多人问：“秦老师，你看我应该摆个啥？”我说：“摆啥，把你这哭丧脸去掉，摆个笑脸就好了。”我还碰到一个老太太更有意思，她想让儿子发财，在家里摆个什么水晶，我不知道是什么，因为我没用过。人家把那个水晶这儿摆上，那儿摆上，满屋子都是。发财了没有？没有。你去买，卖水晶的倒发财了。你要想想，别天天胡买那些东西。水晶能让你发财，那他自己先摆，他先发财了，还指望卖水晶赚钱，那不傻吗？谁愿意！

很多算命的都是让你买他的东西。天天要换，月月要换，年年要换，好像都买不尽一样。年年都需要摆点东西，就是说你运气好也要摆，摆了更好；要运气不好，你不摆，就遭横祸。那个算命书就不该看，一看人一年就不要出门了。其实日日是好日，时时是好时，就看你怎么设计，就这么简单。人生要自己设计，千万不要被别人掌控，不要被所谓的大师一忽悠，你就跑去买，去掏钱了。

改变命运第二个就在嘴巴，嘴巴上改变了，我们的人生就变了。不光能改变命运，还能处理人与人之间的矛盾，拉近人与人之间的距离。同样是说话，那效果完全不一样。

我想到一个故事。这个故事讲一个秀才，他去考试，要考状元，谁知道这晚上他就做了三个梦。第一个梦，他们家种白菜种到墙上去了，一看人家白菜都种在地上。接着又做了第二个梦，梦见他自己穿着雨衣又打把雨伞，一看别人只拿了一个，他怎么拿两个。第三个梦，梦见他和他老婆睡觉背对背，同床异梦。

早晨起来，这秀才心情不好，就在琢磨这三个梦到底啥意思，谁知道遇见了老板娘。老板娘说："秀才，怎么了？"秀才说："我做了个梦。""啥梦？你给我讲讲，我会解。"他就说："我做个梦，种白菜种到墙上去了。"这老板娘一听："秀才，人家把白菜种地里，你把白菜种到墙上，你白种了，回家吧。"秀才一听，有道理，这白种了，还真是。

秀才说："我第二个梦，梦见穿着雨衣还打把雨伞。""多此一举！你看，你来了白来，赶快回家吧。"秀才一听，消极死了。"第三个梦是我跟我老婆睡觉呢，背对着背，同床异梦。""你的考试考不好，老婆还跟人家跑，你快回家。"秀才一听，这完了，老婆都跟人家跑了，赶快回家。

秀才于是背着行李往回走，边走边想着梦，很难过。谁知道碰到一个老者问他："我要去某某地方，你告诉我怎么走吧。"问了两遍这个秀才都没说话。这老者一生气就拍了秀才一把，说："看你都文绉绉的，是个文人，怎么一点都不懂礼貌。我老头子问你几遍，你给我说说怕啥？"秀才一听："对不起，失礼了，我在想事情。""你在想什么呢？""我做了三个梦。"老者说："哪三个梦？你给我说说，我会解梦。""你也会解？""你跟我说说。""第一个梦，我们家种白菜种墙上了，人家都种在地里。"老爷子一听："祝贺你高中啊，你是第一名！"秀才一听有道理，真有道理。

"那你看看第二个吧，我穿着雨衣打把雨伞。""双保险啊，你快去吧，第一名。""那我跟我老婆睡觉背对背呢？""这叫辈辈出状元。"于是秀才兴冲冲地去考试，真考了第一名。

我为什么讲这一段做梦的事情，就是我们现在很多人还喜欢解梦，今天做这个梦心情好了，明天做那个梦心情不好了，简直都是害自己。别执着，执着它干什么，一定要明白这个道理。

耳听智慧语，不进是非言

第三个改变命运的方式就是靠耳朵。你要会听，分辨善恶，用我们的耳朵听圣贤教诲，别听是非之言，只听人好，不听人短。你看，弟兄两个血浓于水，这么好，别人一挑拨就打架，不是傻吗?

我遇到一对夫妻，两个人结婚二十多年了，感情特别好，很多朋友把他们夫妻当成模范，视为表率。谁知道一个朋友说："我跟他开个玩笑，说他老婆在外面有情人，看他什么表情。"于是跑去说："我看见你老婆跟一个帅小伙在外面约会，喝咖啡。"这男的一听，回家就把老婆打了一顿，拉着老婆就要去离婚。这老婆也生气，什么事都没有，怎么莫名其妙的，离就离。离完婚以后，他就问跟他说的这个人："你跟我说说，她那个情夫是谁，我把他打一顿！"那个人说："哪里有情夫。""你跟我说的。""人家都说你们夫妻恩爱得很，是表率，是模范，我就考考你，开个玩笑，你怎么真就离婚了？"他说："我真离了。"

我们信谁，我们连同床共枕的妻子、丈夫都不相信，听别人的，不是有问题吗？我在北京碰到一个老太太更有意思。她过生日，媳妇给买了一块手表，说："妈，你爱打麻将，你看十一点半你就回家吃饭，好不好？"老太太挺高兴，这媳妇好。女儿给老太太买了对金耳环。老太太去打牌了，别人问："耳环谁买的？"老太太说："女儿买的。""这女儿真好。""这手表谁买的？""媳妇买的。""怎么这表是媳妇买的？"这老太太就说："怎么了？""你看你女儿多好，送耳环一对，好事成双，你看这女儿好成这样。那表，你知道是啥？是钟，这谐音是送终呢。北京房子太值钱了，你媳妇希望你赶快走，腾地方。"

老太太一听，牌也不打了，回到家里就开始骂媳妇。吵得实在不行，就把我叫去了，说："秦老师，你来看看。"我一看老太太脸像驴脸一样，就说："阿姨，怎么驴脸都出来了，笑都不会了？"她说："这媳妇给我送一支表，这叫送终。"我说："谁说的？""牌友说的。"我说："牌友对你好，还是你媳妇对你好？""我媳妇对我好。"我说："你跟牌友过算了，牌友两句话就变成这样。"

我问："牌友怎么说的？"她说："金耳环是一对，好事成双。"我说："哪个老太太戴耳环戴一只？那耳环本身就是成双的。你看你这耳朵不辨是非，人家胡说八道，你就听。""也是，我没看见哪个老太太戴一只耳环，那耳环就是卖对的，也不卖单个。"她一听有道理。"那媳妇给你送表的时候是怎么说的？”“送表说让我打麻将的时候，十一点半回家吃饭。”我说：“你看看这媳妇对你多好，你怎么听是非，听挑拨离间之词？”来说是非者，必是是非人。我们要耳根清净，只听圣贤教诲，不听是非之言。血浓于水，我们不能听别人几句话，就把自己害了。

改变命运，第一脸要会笑，第二嘴巴会说，第三耳朵会听，就这么简单，不需要用钱，不需要用东西，你回家就改，立即就如意。会笑得福，会听你也招贵，你会有主见，不是奴仆围着人转，你回家，你招贵人，招人气，这是财。所以你看看，眼睛就是福，耳朵就是贵，嘴巴就是财，多好。我们现在的人天天求“保佑发财”“保佑长寿”，净做些短命的事、缺德的事，还长寿呢，你这越求越短寿，等于是此地无银三百两，跑到警察那儿去了。

一个佛教徒很有意思，一看这虾好吃，可是吃又不行，我这受戒了，但又不能浪费，没事，那我就吃了。给自己做完工作，一边吃，一边念“阿弥陀佛”“阿弥陀佛”。偷东西的，把警察还叫来，这不愚痴吗？我遇到很多人都这样。

有些人跟我说要“随缘”。什么叫随缘？什么叫随便？随缘，是用善巧的智慧处理复杂的事情，让我们人生更圆满。随便，就变成同流合污了。要不我说现在人不明理，把随便当随缘，真是掩耳盗铃，可笑至极。

行动：不搞婚外恋，随地捡垃圾

既然眼睛、耳朵、嘴巴都好了，那第四个，我们要改变，就要落实到行为上去。你说你孝敬你爸你妈，饭也不端，钱也不给，你孝啥？我们下来就要付出行动，来表示我们的真爱，用我们的智慧、用我们的行为去感动大家。所以改变命运第四个靠行为。过去这个行为是偷东西，现在改变这个行为；过去去歌舞厅嫖娼，现在改正不嫖娼了。现在人不明白，嫖娼的“嫖”字怎么写？一个“女”，一个“票”，你花钱让女人嫖你，不是你嫖人家呢。我遇到一个老板更有意思，跟我说：“秦老师，我跟你辩论辩论。”我说：“辩论什么？”“这妓女有三大功劳。”我说：“妓女有什么功劳？”他说：“你看，第一，妓女满足了流动人口的生理需要；第二，妓女减少了强奸犯的犯罪率；第三，妓女拉动了当地的经济。”我就问他：“你妈是妓女吗？”他没说话。我说：“你有女儿让你女儿做妓女去，你也可以让你媳妇当妓女。”为什么？三大功劳嘛。“己所不欲，勿施于人。”你为什么己所不欲，强施于人？你不是胡说八道吗？自己要做恶事，还要找一堆借口。

人生很关键，你怎么转变你自己，立即把命运转过来呢？就是上面讲的，善用眼睛、耳朵、嘴巴，然后就是行为。我记得《你是自己命运的设计师》这本书出来以后，人家给了我三本样书。当时有一个领导领着他的一个朋友来给我拜年。

这个人在我家看这个样书，看到夫妻关系那一块儿，他就跟我讲："秦老师，我投资了十个亿的项目，这个生意都做了，钱已投了，就是修建房子的时候缺一个政府合同，政府合同签不下来，就卖不了，一共五年了。我在香港还找了两个大师给算了算，算一次就是一二百万，可是也没有效果，不知道什么原因。看完你这个书以后，我就感觉，是不是因为我在外面养了三个情人养的。"

我说："那你自己想想，三个"女"，一个"子"，变成什么了？怪字了，你就变成怪人了。一个"女"一个"子"才是'好'。"他说："看完这本书我知道了，我现在想明白了，回去就把那三个'小三'开除。"

这领导回去刚一个小时就给我打个电话："秦老师，太神了，我刚在你面前把这话一说，那边打电话让我签合同，我们预售证就下来了，我吓呆了！我真的相信'上等人生在自己手上，改变命运在自身'。"

所以他一次性就在出版社买了五千册书。他说："我要救人，救跟我一样的老板。"

他认为命运不好，八字不好，还找了很多大师，今天摆个这，明天摆个那，今天给这儿烧，明天给那儿烧，庙里跑，到处找，恨不得把天下的大师都找来。谁知道原来是自己有毛病！不是大师不灵，是我们自己有毛病。苍蝇不叮无缝的蛋。当苍蝇叮我们的时候，就证明我们不是好蛋，真的是这样。

所以我们想一想，为什么这一件小事他就把命运转变了？就在心念上。这叫行为。过去是恶的行为，现在我们为善，就这么简单。

讲到行为这个地方，我再问大家一个问题：请问各位好朋友，你们是中国人吗？（大家齐声答：是。）是不是还有外国人呢？（有人没说话。）怎么说话老没底气？是中午的爱心饭没有吃饱吗？说话声音有点底气，这叫招阳，你别老阴气沉沉的，好像嘴巴被粘住了一样。

我再问一下，各位好朋友，你们是中国人吗？（大家大声答：是。）这叫招阳，这才像中国人的样。我再问大家一句话，你们爱国吗？（大家大声答：爱！）声音太好了！随地扔过垃圾的请举手，勇敢点。这正是忏悔的机会，你别不举手。想招财的挺多，放下，不错。

我记得我刚来北京上班，有位同事对我特别好，说我在北京这么久了没去过朝阳公园，就领我去。去朝阳公园，天气太热，人家就买了两个冰淇淋，塑料包装上面还有两个娃娃，挺漂亮。我说："我都这么大了，不需要玩具。"人家说："这是冰淇淋。”我说：“冰淇淋是干什么的？”他说：“这冰淇淋是吃的。”我不知道。

人家就教我，说这多甜，多好吃，一拆开包装，就扔在地上。我就问他两句话。我说：“你是中国人吗？”他说：“我是。”我说：“你爱国吗？”“爱国。”“什么爱国？随地扔垃圾，践踏自己的国土，你还爱国？咱们从今天开始，不要再随地扔垃圾了好不好？从今天起我们开始捡垃圾好不好？”

扔垃圾叫缺德，捡垃圾叫积福，就这么简单，不需要花钱。你往这儿捐钱，往那儿捐钱，告诉你，弯一下腰，捡一个垃圾，比你捐钱功劳大，因为你在设计自己被人尊敬。外国人看见你捡垃圾，会说“中国人爱国，你看人家，不扔垃圾”，全中国人的脸面被你扬上去了，这叫给国争光。外国人一看你扔垃圾，就说“你看中国人不爱国，随地扔垃圾”，这全中国人的脸都被你拉下来了，这叫大恶。捡垃圾叫大善，就这么简单。这个行为很关键。你是中国人，又爱国，还随地扔垃圾，践踏自己的国土，这叫恶行。

改变命运第四个是行为，最方便，不需要花钱，那美得不得了，无非再加上你经常弯腰，不得颈椎病，也不得腰椎病。你想得颈椎病你就别弯腰。经常头朝下多好。你看稻田里的稻子，结的米粒一多，它就弯下腰，没有米粒的就直冲冲的。你头抬那么高干吗，天上又不会掉星星下来，你低下头看着路，就不会栽一跤了。这才是我们做人的道理。高处有险，低处平安。人低成王，水低成海。

我们每一个人要低低矮矮地把自己放下去，不要太高。你说这是你的、那是你的，百年以后，啥是你的？连你都不是你的。你说这身体是你的，你能保证它年年 18 岁？你保证不了。它还是生病，要长皱纹，还要衰老，你没有办法，你只有使用权，没有所有权。我们要明白这个道理。

顺道则兴，逆道则亡

真明白这个道理以后，你就知道，人是通宇宙的，人是要适应生活的。儒释道三家，我们想一想，儒学怎么讲？儒，单人旁，一个需要的“需”，人人需要，五伦大道。那谁不在五伦里？你不在五伦里的话，你就变成外星人了。谁都逃脱不了，这是做人该立的项。

第二个道教，道教讲的五行，金、木、水、火、土，它是顺时针的。道字怎么写？首先的“首”字，人头朝下，首先要求自己顺道而行，这叫“道”字。你看那一点就是心，心往上一翘就逆道。我们人不明白。那佛教讲的“生老病死苦”，谁也逃脱不了。你别争着抢着，你不会做人，不适应这个社会，不适应这个自然环境。什么人定胜天，胜天久了让你得病，因为“生老病死苦”盯着你。你暴吃，暴吃得病；你贪得太多，你犯法被抓了。生老病死苦，这个就是给你泼凉水，让你头脑清醒，不要犯病，要顺道而行。

所以儒释道三家，全是五个字，合一块儿十五个字，简单得很，别那么复杂。我们作为人，先适应人与人的五伦大道去做事情，这叫人成。下来再修道，道就开始利益人了。不光是利益人，还要利益自然，我们与山、与水、与动物、与植物之间的沟通，我们怎么样让植物长得更好，让牛奶更多，让鸡下的蛋更有营养。

我们现在背道，给鸡喂催蛋剂，一天就下四个蛋，把鸡屁股都下痛了。那四个蛋你敢吃吗？都是激素，现在人还美！那鸭子本身长一年，现在好，二十五天。我最近听到一个十五天长五斤的，哪敢吃？完全违背了动物的生长周期，你违理，你悖德，你在残害它们。一头奶牛一天产一两百斤牛奶，那牛奶敢喝吗？不断地催，完全不能符合五行，不能符合五伦。我们通过行为，把这个恶全做完了，把人本是灵性的东西变成了龌龊和邪恶的东西，人真没有动物灵。

我记得在农村的时候碰到一个非常好的例子。当时村里就有一口井，这口井多一半都盖着，就能下去一个桶，都是舀水吃的。人还在吃水呢，可是有一天怪了，我们邻居家喂了头牛，就是不喝水。这家人说这牛是不是生病了，就把牛拉到兽医站。谁知道这牛到了兽医站，看到那里放着一桶水，跑过去一口气就喝完了。这主人说："怪了，我领牛来就是因为牛不喝水，这头牛怎么喝你们家的水，不喝我们那边的水？"这医生就讲了："这牛嘴很干净，要不你看看你们那个井里是不是有死猫、死耗子。"

这人一听有道理，就跟大伙把盖子打开，一看，一个女人在里面淹死了，尸体都泡胀了。你看牛都不喝这水了，人还在喝，牛比人干净。人自以为自己干净，实际人最脏了，龌龊得很。我们认为自己很干净，其实还没动物干净呢。你看牛吃素吃得多纯，哪像人过两天吃素，过两天吃肉，把自己的五脏六腑都搞得不知道该怎么办了，一会儿荤，一会儿素，这五脏六腑都受不了，不能恒温。

很多大型灾难来的时候，动物都知道，人不知道，人退化了。我们要明白，人真的要顺道，不能逆道，顺道则兴，逆道就亡。顺道，就能让我们自己改命运，自己造福，令家族永昌。我们想一想，行善是多厉害的事情。这个改变很简单，会笑、会听、会说、会做就行。

感恩才能天长地久

改变命运第五个就是我们的“惜”。珍惜才能拥有，感恩才能天长地久。我们要永远保持珍惜和感恩的心态，这才是天性，天性永远会珍惜、感恩。

我们今天能坐在这个地方听课，首先要感谢共产党，感谢国家领导。我们想一想，哪个国家有五十六个民族，十几亿人，短短发展了六十几年，就在全世界起到关键性的作用？没有，就中国一家。

世界四大文明古国三家都灭亡了，就剩下中国，我们想想，我们有多大的福气！我们在这个地方听课，是谁的功劳？是共产党、解放军的功劳。人家也有爹妈，过节了我们在家吃团圆饭，人家在那儿守边疆，我们还美呢，美什么！所以感恩要从这儿开始。国是大的家，家是小的国，有了幸福的大国，才有幸福的小家，我们感恩要把心量扩开，从这儿开始。

你看我们现在吃得好，吃着吃着都不知道吃啥了，还抱怨这个，抱怨那个。告诉各位朋友，我们哪有资格抱怨！我问问大家，我们在场的有孤儿吗？是孤儿的举手。没有孤儿，你们太幸福了。以后我们不要抱怨，没有资格抱怨，该抱怨的也是孤儿，而不是你，也不是我，也不是他。为什么？孤儿一出生就不知道有一个男人叫爸爸，也不知道有一个女人叫妈妈，更不知道有一个地方叫家。该抱怨的是孤儿，我们哪有资格？什么抱怨国家、抱怨父母，抱怨这儿、抱怨那儿的，我们没有资格抱怨。

现在很多人不珍惜父母，不感恩父母。我记得我去孤儿院，你知道孤儿拉着我的手怎么说？“老师，我这一出生就在孤儿院里头，多么渴望有个爸、有个妈，可是我就不知道有一个男人是叫爸爸的，也不知道有一个女人是叫妈妈的，我只知道叫什么叔叔阿姨。”我就想不通，那些有爸有妈的孩子，怎么对自己的父母就那么残忍，那么不懂得珍惜呢？所以我们不要把自己变成孤儿后才懂得珍惜父母。咱们论坛里面不是经常有一句话吗：“树欲静而风不止，子欲养而亲不待。”这种遗憾，不要在我们的身上再发生了。

我记得我去大学讲课的时候，人家都说大学生经常有自杀的。我说：“自杀啥？你们有什么资格自杀？你看看汶川地震，一夜之间亲人尽失，该自杀、该抱怨的也是灾民，你有啥资格？跑到大学来还自杀，丢人现眼，一看就是废品！还自杀呢，要死也得为国服务、为社会做贡献而死。”

你看灾民苦成啥样，今天还是特殊的日子，“5 · 12”汶川地震四周年。我们看看灾民，人家多坚强，人家抱怨谁了。舟曲泥石流你也没遇到，汶川地震你也没碰到，你有啥资格抱怨，你有啥资格指责别人，你有啥资格去自杀？没有资格，真的是这样。所以我们只能感恩，只能珍惜，去珍惜我们今天的生活、我们今天的环境。

幸福的“福”字怎么写？一件衣服，一口田。知足就是幸福，你连“福”字都不会写。你看，衣字旁，一横，一口，一田。我们把自己弄得好复杂，住那么大的房，开那么好的车，还在抱怨。我看你是暴殄天物，找死的命。

自己不会设计，把自己设计得有苦又累。你看人家乞丐，要十块钱赶快给你磕头，感谢感谢。你这一天挣一万还说怎么挣这么少，不知足，不会享受生活，残害自己。你还认为你比乞丐智商高，其实人家比你智商高。我们现在人，眼睛永远看不见自己的眉毛，光看别人的缺点，不明白错在什么地方，所以是我们错了。

改变命运，第五个是“感恩”。你要设计着把眼睛由过去的怒目变成微笑；过去听是非，现在听圣贤教诲；过去爱说尖酸刻薄的话，今天只说柔和音；过去行为常作恶、悖理悖德，今天让行为端庄大方，给世人做个模范。就这么简单。过去我们存心不良，长期有恶心，今天我们懂得珍惜、感恩，这符合五行，也符合五伦。我们要明白这个道理。微笑得喜，会听得贵，会说得财，会做得禄，从感恩心里得寿，五福临门。你看就这么简单。你求谁？求你自己就可以了。

心存感恩，先从感谢国家开始，感谢我们的国家领导人，感谢我们的父母，感谢我们的兄弟姊妹。人这一生就该这样去做。可是现在人不明白，不懂得，把自己设计得很苦。

我们想想，我们国家领导人多辛苦，五十多个民族要管，这领导人太辛苦了。你看这么大的国家，什么事都有，领导人不停地要处理。我们想一想，我们不说治国，我们把家齐好，别给国家添乱，别把自己孩子培养成监狱里的犯人，别把自己孩子培养成毒品、废品，就很不错了。你看现在毒品多少，那么高的学历，用来造什么牛肉膏、瘦肉精，一天净造一些害人的东西，他就不造一些好东西。

我记得在北京，一次碰到大学生抵制日货。一大群人围着日本大使馆，给里面扔东西，中国的警察站那儿，战战兢兢地挡着，老怕出现问题。我问那个领头的大学生："你们胡折腾啥？你们不是大学生吗？国家培养你这么好，要是你造的东西超过日本，不用抵制日货它全走了，拜拜了。你净给国家添乱，你在这儿一折腾，你看中国政府要给人家道歉，咱们中国的人民警察在那儿担惊受怕。你要扔不好，扔他头上怎么办？你好好学习，好好努力，别给国家添乱，把自己管好，好好做一些利国、利民、利己的事情，这才是我们人生该做的。"

改变命运要靠坚持

希望大家在听这一堂课的过程中，真正能明白天性就是天堂，禀性就是苦海，习性就是我们的行为——吃喝嫖赌抽。让我们永远活在天堂，不要活在苦海和地狱。你要把你变成天堂的人，谁要一见你，一遇你，都得福。不要把你变成苦海，谁见你都吐。也不要把你变成地狱，谁一见你都像碰见鬼。

我经常讲，人要常与仁德之人来往，不要与缺德之人来往。我们的言行举止完全可以改变，要不我说眼睛、耳朵、嘴巴、行为就是我们改变命运的工具。包括我们做慈善，我们这一生即使家徒四壁，还有七种东西可以做：第一布施微笑，第二布施柔和，第三布施善的行为，第四布施善心，第五布施好的念头，第六布施好的做人心，第七我们助人成德。不需要花钱，很简单。哪像有的人说，我有钱了再做善事吧。等你有钱了，那太阳都落西山了。真的是这样，我们要懂得。

在学习的过程中，我还要告诉大家一个道理：妈，一个就是亲的，两个就有后妈。你不管姓什么的，学什么的，抓住一门，“一门深入，长时熏修”才有效果。你别今天念这儿，明天念那儿，你把你自己都学傻了。今天给大家赠送的这本书（《你是自己命运的设计师》），最少看五十遍，你才能真正醒悟。这本书里头言行举止全部讲完了，怎么落实的方法都有，最简单，我今天还讲得深一点，实际这书里面的最浅，谁都能看明白。你最少看五十遍，你的心才能定下来，你再落实就有根。

你别听老师一说，这两天就一直笑，你们家人说“这有毛病，怎么回来老笑”，你就坚持不住了，你就退后了。你要这样想：过去我老哭丧着脸，人家习惯了，所以今天微笑人家接受不了，错在我，不在他。我们坚持才能得到别人的支持，这才是我们学习中的关键。

我一看，咱们今天这个课堂，主办方太了不得了，我们听众太厉害了，这一坐，坐一天，给自己设计了一天时间来改变命运，简直太值了。我那个时候还用了半年。人家算我命短，我这一天到晚坐在家里想，我这么年轻就死了，天天想。

有一天猛然一想，命运的“命”字怎么写？一个“人”，这代表头。这一横，代表脖子以上。一个“口”代表嘴巴。这个“巾”字旁代表了衣服。原来命靠头想事，靠脖子以上表现，像嘴巴会说、耳朵会听、眼睛会笑，靠衣服装饰，我们的穿着在任何地方都要合体。我们去墓地，穿素的、黑的、白的；去寺院，就不要穿露腿、露肩的。这也是一个礼，这能改变自己的命运。

我一想，原来“命”字这么写的，太简单了，我还苦成这样。谁知道那一刹那，猛然就觉得这个身体没了，比较空旷，觉得自己怎么胳膊也不动，腿也不动了，怎么四肢健全的不会动？我才知道原来这个身体也是工具，不是你的，你只是暂时使用。那你要拿这个工具干什么？造福于人，帮助他人，利益他人。我们人这一生都不知道躺了多少年，这生命很短暂，在活着的时候少睡点儿，少说点儿废话，赶快行动、落实，利益大家、利益国家、利益社会，要做这种事情。我也在这一瞬间才知道。

祭祖的正确方法

我告诉大家，祭祖一定要当一回事。祭祖大概有六个步骤。第一，进到墓地以后，肃整衣冠，一定要穿白的，或者是黑的，这样你才有恭敬心。接下来先焚香，三根香就好。现在很多人懒，光烧纸不烧香。之所以上三根香，是因为我们历代祖先有很多墓地都被平了，有好多我们都找不到了，这三根香就代表祖宗三代。

第一根香插上以后，"我是某家子孙，来供养历代宗亲，来此设香宴"，这是供养你久远的祖先。黄帝、炎帝都是我们的始祖，我们要感念他的恩德。

第二根香就是供墓地里头的主人，或者是父亲，或者是母亲，"您看，儿子、女儿来看您来了，您活着的时候我都没有尽到孝"。

第三根香就要供奉周边所谓的土地、城隍，祈求他们来护持父母。这就像我们世间一样，我跟警察说："我爸我妈在这儿住着呢，你多关照关照，他们行动不便。"跟这道理是一样，一点都不迷信。这是烧三根香。

下来再烧一点纸就行了。不是我们现在一烧把森林都烧着了，那不疯了？有钱没处花。有的人更可怕，玷污祖先。老爸老妈活着都挺好的，一辈子为子孙修德呢，他爸一死，他给他爸烧一个“小三”，烧一个二奶，就变成这样了。我就碰到一个人，烧完这个以后就出现一个现象，他儿媳妇就在外面养了一个二爷。这都是他给他们家烧的。我们想一想多可怕。今年，我看到一个叫人代替祭祀祖先的，一代替，他媳妇跟他哥们儿上床了，代替他生了个儿子。

祭祀祖先，下来还要供点水果，供点糕点，这就显得非常隆重。供完以后，捏一点留那儿就行了，千万别浪费，别扔那儿就不要了。你把它背回家，那叫祖宗余福，可以给家里人分着吃，多好。别人说这是给你爸你妈、给你祖先供的，不能拿回家，这是晦气，一起这念，你祖先就难过。就像你还没死，你儿子要说“你快死了吧，你就是一堆晦气”，你什么感觉？现在的人简直没有恭敬心。

在坟地，我们一定要非常恭敬地去做给子孙看。要不古人讲：坟头冒青烟，家中出状元。青烟是什么？就是烧的香，你要时常祭祀。祭祀祖先有五个日子可以选。我们大家都知道清明，实际这是不够的。为什么？我们父母管我们也有四季，四季是顺应自然的，再加上我们就是五个。那祭祀的日子，第一是清明，第二是七月十五日，第三是冬至，第四是十月初一，下来还有大年三十，都按农历的。这五个一个都不能少的。即使我们不能回家，也要面对祖坟的方向祭祀一下。

祭祀上等的方法是什么？是用你的善念、用你的慈悲给祖宗积德。不一定非要烧什么香、烧很多纸，在墓地的形式是很简单的。其实坐公交车就可以帮父母积德。一看老者上去了，赶快给他让个座，你就想，我爸妈要是在车上，我也希望别人给我爸妈让座。你换位一思考，立即心态就变了，随时随地，非常简单，不需要花钱。

现在人把这弄得神神秘秘的。告诉你们，这个上坟，只需要烧点麻钱纸就行了，不要烧什么冥币、汽车、房子，那都是商家骗你们钱弄的，你们也拿去哄鬼。最近我还听人家说烧苹果手机，烧 ipad 电脑，这叫玷污。哪用这些东西！你活着孝顺孝顺，比他死了在那儿哭、嚎要好得多。好多东西我们不能不懂得，这是礼上去做的事情，也是我们的行为和脑子里的善念结合起来去做的事情。

当我们每一个人从天性出发，抓住心性，用行为做事，这叫天人合一，也叫天时地利人和，它是缺一不可的。我们现在很多人不明白，经常做一些损德悖理的事情，导致遇了很多灾难、很多不顺。比如打胎，很多人打胎，却不知道打胎的危害。

现在有很多不育症，都是因为打胎太多了。打胎的过程中伤害了输卵管和子宫，它就不通了，就闭塞了。反正你不想要，那就不让你要了。有很多事绝对都是我们的恶行所致，人不明白，所以就造作了很多恶业。

让有限的生命燃烧起来

在这个地方，我们再做一次护根的学习。我们每一个人出生的时候，从一岁到三岁流过无数次的口水，父母不嫌我们脏。当我们的父母老了，要是流口水，希望你也别嫌他脏，给他擦得干干净净。我们是否还记得，父母在我们小的时候，一口一口嚼着饭菜，喂到我们嘴巴里的情景？

当我们的父母逐渐老去，尿湿了裤子，弄脏了床铺，甚至瘫痪在床，我们也不要嫌弃。我们一到三岁也尿过无数次的裤子，弄脏过无数次床铺，我们的父母都替我们洗得干干净净。当我们外出旅行，尽量带着父母，带一次是一次，不要嫌他们是包袱，不要嫌他们走路太慢。我们开始学走路，迈开人生的第一步的时候，可是父母双手搀扶的，难道我们就如此的健忘？

不要忘记我们的父母已经是风烛残年，来日不多。这时候的父母不是需要我们给他们金山、银山，而是需要我们紧紧地拥抱着他们，不要嫌弃他们，帮助他们幸福地走完他们人生寥寥无几的日子。真的，我们的孝道亏得太多了，所以导致我们命运不好；我们在夫妻上亏得太多了，所以我们的人生不顺。父母不断地告诉我们，父母去的一天，你们兄弟姊妹要相互照应，可是我们兄弟姊妹为一点财产就打得头破血流，让父母伤尽了心。我们不能遇贵人，常招小人，全是因为我们手足不能相亲。

各位好朋友，我今天讲的话，你们只要去落实付出，都是功德无量。你们要帮助更多的人，让天下人都幸福，让天下的父母不要再为儿女操心、伤心，让天下所有手足血浓于水的感情能长久。和谐社会从我做起，从我家做起。

大家要是想看我更多的课程，可以在百度搜索“秦东魁”，上面很多东西都讲得很详细。你哪怕有一句听进去，也比你上网打游戏要好。我们天天看电视、上网、捧明星，可是明星也不认识我们是谁。所以我从来不看电视、不上网，我认为那是浪费资源，又浪费我们的生命。

我们要明白，浪费生命，是最大的罪人。我们要让有限的生命燃烧起来，服务国家、服务大众、利益人民。今天的课我就讲到这个地方，谢谢大家！